电机控制与调速技术

主 编 方 涛

北京理工大学出版社
BEIJING INSTITUTE OF TECHNOLOGY PRESS

内容简介

本书根据“就业为导向，能力为本位”的原则，依据“常用电机控制与调速技术”课程标准，遵循学生认知和实践规律，以“掌握概念、强化应用、培养技能”为重点，通过对机电一体化技术专业所涵盖的岗位群的职业能力分析，以拖动动力应用最多的电动机控制与调速技术为主线，结合本专业学习者必须具备的岗位职业能力，把课程教学内容分解成六个项目，紧紧围绕工作任务的需要来选择项目内容，把科学知识与职业能力进行有效整合，创设工作情境，培养学习者的实际操作能力、综合职业能力，助其树立正确的职业道德观、团队协作精神和创业精神。

本书适合作为高等院校数控类专业课程的教材，也可作为相关人员的自学参考用书。

图书在版编目（CIP）数据

电机控制与调速技术 / 方涛主编. --北京：北京理工大学出版社，2020.8（2024.1 重印）

ISBN 978-7-5682-8783-8

Ⅰ. ①电… Ⅱ. ①方… Ⅲ. ①电机-控制系统-高等学校-教材 ②电机-调速-高等学校-教材 Ⅳ. ①TM3

中国版本图书馆 CIP 数据核字（2020）第 134562 号

责任编辑：梁铜华 **文案编辑**：梁铜华
责任校对：周瑞红 **责任印制**：李志强

出版发行 / 北京理工大学出版社有限责任公司
社 址 / 北京市丰台区四合庄路 6 号
邮 编 / 100070
电 话 /（010）68914026（教材售后服务热线）
（010）68944437（课件资源服务热线）
网 址 / http://www.bitpress.com.cn

版 印 次 / 2024 年 1 月第 1 版第 3 次印刷
印 刷 / 涿州市新华印刷有限公司
开 本 / 787 mm × 1092 mm 1/16
印 张 / 10.25
字 数 / 241 千字
定 价 / 34.00 元

江苏联合职业技术学院院本教材出版说明

江苏联合职业技术学院自成立以来，坚持以服务经济社会发展为宗旨、以促进就业为导向的职业教育办学方针，紧紧围绕江苏经济社会发展对高素质技术技能型人才的迫切需要，充分发挥“小学院、大学校”办学管理体制创新优势，依托学院教学指导委员会和专业协作委员会，积极推进校企合作、产教融合，积极探索五年制高职教育教学规律和高素质技术技能型人才成长规律，培养了一大批能够适应地方经济社会发展需要的高素质技术技能型人才，形成了颇具江苏特色的五年制高职教育人才培养模式，实现了五年制高职教育规模、结构、质量和效益的协调发展，为构建江苏现代职业教育体系、推进职业教育现代化做出了重要贡献。

我国社会的主要矛盾已经转化为人们日益增长的美好生活需要与发展不平衡不充分之间的矛盾，因此我们只有实现更高水平、更高质量、更高效益、更加平衡、更加充分的发展，才能全面实现新时代中国特色社会主义建设的宏伟蓝图。五年制高职教育的发展必须服从服务于国家发展战略，以不断满足人们对美好生活需要为追求目标，全面贯彻党的教育方针，全面深化教育改革，全面实施素质教育，全面落实立德树人根本任务，充分发挥五年制高职贯通培养的学制优势，建立和完善五年制高职教育课程体系，健全德能并修、工学结合的育人机制，着力培养学生的工匠精神、职业道德、职业技能和就业创业能力，创新教育教学方法和人才培养模式，完善人才培养质量监控评价制度，不断提升人才培养质量和水平，努力办好人民满意的五年制高职教育，为决胜全面建成小康社会、实现中华民族伟大复兴的中国梦贡献力量。

教材建设是人才培养工作的重要载体，也是深化教育教学改革、提高教学质量的重要基础。目前，五年制高职教育教材建设规划性不足、系统性不强、特色不明显等问题一直制约着内涵发展、创新发展和特色发展的空间。为切实加强学院教材建设与规范管理，不断提高学院教材建设与使用的专业化、规范化和科学化水平，学院成立了教材建设与管理工作领导小组和教材审定委员会，统筹领导、科学规划学院教材建设与管理工作，制定了《江苏联合职业技术学院教材建设与使用管理办法》和《关于院本教材开发若干问题的意见》，完善了教材建设与管理的规章制度；每年滚动修订《五年制高等职业教育教材征订目录》，统一组织五年制高职教育教材的征订、采购和配送；编制了学院“十三五”院本教材建设规划，组织 18 个专业和公共基础课程协作委员会推进了院本教材开发，建立了一支院本教材开发、编写、审定队伍；创建了江苏五年制高职教育教材研发基地，与江苏凤凰职业教育图书有限公司、苏州大学出版社、北京理工大学出版社、南京大学出版社、上海交通大学出版社等签订了战略合作协议，协同开发独具五年制高职教育特色的院本教材。

今后一个时期，学院将在推动教材建设和规范管理工作的基础上，紧密结合五年制高职教育发展新形势，主动适应江苏地方社会经济发展和五年制高职教育改革创新的需要，以学院18个专业协作委员会和公共基础课程协作委员会为开发团队，以江苏五年制高职教育教材研发基地为开发平台，组织具有先进教学思想和学术造诣较高的骨干教师，依照学院院本教材建设规划，重点编写和出版约600本有特色、能体现五年制高职教育教学改革成果的院本教材，努力形成具有江苏五年制高职教育特色的院本教材体系。同时，加强教材建设质量管理，树立精品意识，制订五年制高职教育教材评价标准，建立教材质量评价指标体系，开展教材评价评估工作，设立教材质量档案，加强教材质量跟踪，确保院本教材的先进性、科学性、人文性、适用性和特色性建设。学院教材审定委员会将组织各专业协作委员会做好对各专业课程（含技能课程、实训课程、专业选修课程等）教材出版前的审定工作。

本套院本教材较好地吸收了江苏五年制高职教育最新理论和实践研究成果，符合五年制高职教育人才培养目标定位要求。教材内容深入浅出，难易适中，突出“五年贯通培养、系统设计”专业实践技能经验的积累，重视启发学生思维和培养学生运用知识的能力。教材条理清楚、层次分明、结构严谨、图表美观、文字规范，是一套专门针对五年制高职教育人才培养的教材。

学院教材建设与管理工作领导小组
学院教材审定委员会
2017年11月

序　言

2015 年 5 月，国务院印发关于《中国制造 2025》的通知，通知重点强调提高国家制造业创新能力，推进信息化与工业化深度融合，强化工业基础能力，加强质量品牌建设，全面推行绿色制造及大力推动重点领域突破发展等，而高质量的技能型人才是实现这一发展战略的重要途径。

为全面贯彻国家对于高技能人才的培养精神，提升五年制高等职业教育机电类专业教学质量，深化江苏联合职业技术学院机电类专业教学改革成果，并最大限度地共享这一优秀成果，学院机电专业协作委员会特组织优秀教师及相关专家，全面、优质、高效地修订及新开发了本系列规划教材，并配备了数字化教学资源，以适应当前的信息化教学需求。

本系列教材所具特色如下：

● 教材培养目标、内容结构符合教育部及学院专业标准中制定的各课程人才培养目标及相关标准规范。

● 教材力求简洁、实用，编写上兼顾现代职业教育的创新发展及传统理论体系，并使之完美结合。

● 教材内容反映了工业发展的最新成果，所涉及的标准规范均为最新国家标准或行业规范。

● 教材编写形式新颖，教材栏目设计合理，版式美观，图文并茂，体现了职业教育工学结合的教学改革精神。

● 教材配备相关的数字化教学资源，体现了学院信息化教学的最新成果。

本系列教材在组织编写过程中得到了江苏联合职业技术学院各位领导的大力支持与帮助，并在学院机电专业协作委员会全体成员的一致努力下顺利完成了出版任务。由于各参与编写作者及编审委员会专家时间相对仓促，加之行业技术更新较快，教材中难免有不当之处，敬请广大读者予以批评指正，在此一并表示感谢！我们将不断完善与提升本系列教材的整体质量，使其更好地服务于学院机电专业及全国其他高等职业院校相关专业的教育教学，为培养新时期下的高技能人才做出应有的贡献。

江苏联合职业技术学院机电协作委员会

2017 年 12 月

前　言

“本书是基于全面建设社会主义现代化国家对装备制造人才的需要，根据加快建设制造强国战略，推进制造业高端化、智能化、绿色化发展”。本书是依据《常用电机控制与调速技术》课程标准，坚持以高等教育为依据，遵循“以应用为目的，以必需、够用为度”的原则，以“掌握概念、强化应用、培养技能”为重点，力图做到“精选内容、降低理论、加强基础、突出应用”，通过精心合理地组织教学内容，循序渐进，把理论知识和操作技能有机地结合起来编写而成的理实一体化教材。

为贯彻落实党的二十大精神，本教材根据“就业为导向，能力为本位”的原则，通过对机电一体化技术专业所涵盖的岗位群的职业能力分析，以拖动动力应用最多的电动机控制与调速技术为主线，结合本专业学习者必须具备的岗位职业能力，把课程教学内容分解成六个项目，以项目为单位组织教学，以常用电机为载体，通过引入应用实例，引出相关专业理论，使学习者在完成各项目学习训练过程中，一步步地加深对专业知识技能的理解和应用。同时培养学习者的综合职业能力，树立正确的职业道德观，培养团队协作精神和创业精神。

本课程的内容设计为任务引领式课程体系，紧紧围绕工作任务的需要来选择项目内容，将知识本位转化为能力本位，以项目任务和职业能力为依据，对科学知识与职业能力进行有机整合，设定职业能力培养目标，以常用电机应用为载体，创设工作情境，培养学习者的实践操作能力。本书分别介绍了交流电动机的控制与调速技术、直流电动机的调速技术、伺服电动机的控制与调速技术、步进电动机的控制与调速技术、其他用途电机简介、典型案例综合训练。

本书由江苏省无锡交通高等职业技术学校范次猛教授主审，由江苏省东台中等专业学校的方涛主编。项目一由江苏省丹阳中等专业学校的石金柄、常州铁道高等职业技术学校的张华编写，项目二由无锡技师学院的张俊编写，项目三由常州铁道高等职业技术学校的孙洲编写，项目四和项目六由江苏省东台中等专业学校的方涛编写，项目五由镇江高等职业技术学校的张媛媛编写。

本书在编写过程中，得到了相关专业技术人员和同行专家的关心、帮助和大力支持，在此表示衷心感谢。在编写过程中，也参阅了大量文献和资料，难以一一列举，在此谨致以感谢。

由于编者水平有限，书中难免有疏漏之处，恳请不吝指正。

编　者

目 录

目 录

目 录

目 录

项目一　交流电动机的控制与调速技术

交流电动机广泛用于工农业生产和人们的日常生活中，例如机床、水泵、冶金、矿山设备与轻工机械等都用三相交流异步电动机作为原动机，其容量从几千瓦到几千千瓦；日益普及的家用电器，例如洗衣机、电风扇、电冰箱、空调器等都采用单相交流异步电动机，其容量从几瓦到几千瓦。

电力拖动自动控制以各类电动机或其他执行电器为对象，采用电气控制的方式，使机械设备实现生产过程自动化。由于不同的生产机械具有不同的工作性质和加工工艺，所以其相应的电气控制与调速电路也不同。

项目需求

熟悉交流电动机的控制与调速技术；根据工程需要，选用正确的调速方法，通过训练安装并实现交流电动机的控制与调速。

项目工作场景

各种生产机械对电动机的运行要求不同，常用的有起动、正/反转、调速、制动和互锁等。为了实现这些要求，需要用各种电气元件组成电力拖动控制系统。目前工农业生产中广泛采用由继电器、接触器和按钮等组成的控制系统，这种控制系统被称为继电器—接触器控制系统，它具有所用电气元件结构简单、价格低廉、原理容易掌握、维修方便等优点。

一、项目训练目标

（1）了解交流电动机起动、制动和调速的原理和方法。

（2）能根据工程需要，正确选用交流电动机起动、制动的控制方法，以及其调速方法。

（3）学会安装与调试交流电动机起动、制动和调速等控制线路。

二、项目设备器材

（1）工具：测试笔、螺钉旋具、斜口钳、尖嘴钳、剥线钳、电工刀等。

（2）仪表：MF47 万用表、5050 兆欧表。

（3）器材：控制板一块（600 mm × 500 mm × 20 mm）。导线，主电路采用 BV 1.5 mm^2（红色、绿色、黄色）；控制电路采用 BV 1 mm^2（黑色）；按钮线采用 BVR 0.75 mm^2（红

色)；接地线采用 BVR 1.5 mm^2（黄绿双色）。导线数量由指导教师根据实际情况确定。

方案设计

任务 1　三相交流异步电动机的调速方法

通过本任务的训练，了解三相交流异步电动机调速的概念，熟悉三相交流异步电动机的调速方法，掌握不同调速方法的运用。

任务 2　交流电动机常用调速电路

通过本任务的训练，了解交流电动机的起动、制动、调速原理，掌握交流电动机控制线路的安装与调试。

任务 3　交流电动机变频调速技术

通过本任务的训练，了解变频器的基础概念，熟悉三菱变频器的控制面板，掌握三菱变频器的设定、运行控制及正确外围接线。

任务 4　PLC 实现变频器调速应用实例

相关知识和技能

（1）旋转磁场旋转速度：在交流电动机中，旋转磁场相对于定子的旋转速度被称为同步转速，用 n_0 表示，即

$$n_0 = \frac{60f}{p}\ (\text{r/min})$$

（2）极对数（p）：图 1-1（a）采用两个线圈并联，只产生一对 S、N 极，极对数 $p=1$。图 1-1（b）采用两个线圈串联，产生两对 S、N 极，极对数 $p=2$。

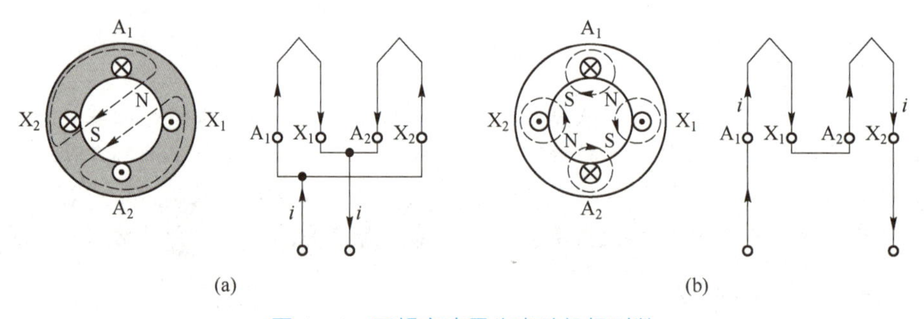

图 1-1　三相交流异步电动机极对数

（a）线圈并联；（b）线圈串联

采用变极调速方法的电动机称为多速电动机，调速时其转速呈跳跃性变化。

（3）转差率 s：转速差（n_0-n）与同步转速 n_0 的比值称为异步电动机的转差率，用 s 表示，即

$$s = \left(\frac{n_0-n}{n_0}\right) \times 100\%$$

电动机转子转动方向与磁场的旋转方向一致，但是电动机转速 n 小于旋转磁场的转速 n_0，所以这样的电动机被称为异步电动机。起动时 $n=0$，$s=1$。

（4）三相交流异步电动机转速公式为

$$n = n_0(1-s) = \frac{60f}{p}(1-s)$$

从本质上看，三相交流异步电动机调速有两种方法：一种是改变同步转速 n_0；另一种是改变转差率 s。

①改变同步转速 n_0 { 改变极对数 p：变极调速（笼型）；改变电源频率 f：变频调速 }

② 改变转差率 s（不改变同步转速 n_0）{ 改变电源电压：调压调速；转子串电阻调速（绕线式）；转子串附加电动势调速：串级调速（绕线式） }

任务1　三相交流异步电动机的调速方法

【任务目标】

（1）知道三相交流异步电动机的工作原理。

（2）掌握三相交流异步电动机的调速方法及分类。

（3）掌握每种调速方法的工作原理、特点、使用场所、实现方法。

【任务分析】

本任务要求掌握三相交流异步电动机的各种调速原理、特点及方法。

【知识准备】

一、三相交流异步电动机结构和工作原理

1. 三相交流异步电动机结构

三相交流异步电动机主要由定子和转子两个部分组成，定子是不动的部分，转子是旋转部分，在定子和转子之间有一定的气隙，如图1－2所示。

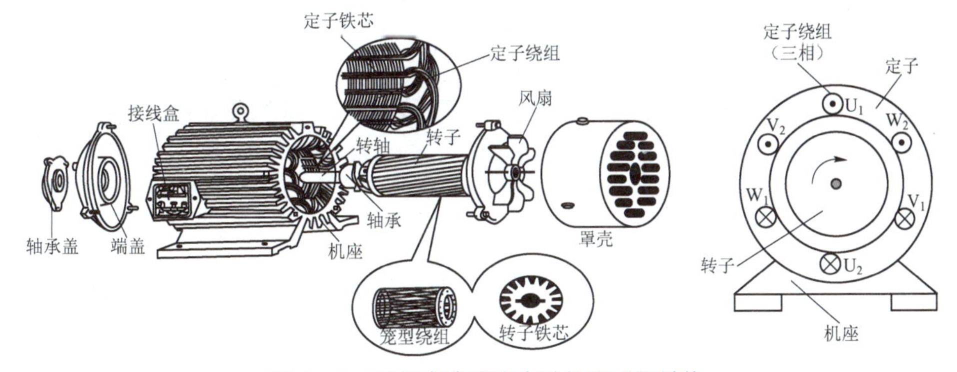

图1－2　三相交流异步电动机组成及结构

2. 三相交流异步电动机工作原理

1）旋转磁场

三相定子绕组 AX，BY，CZ 在空间中按互差 120°的规律对称排列（图 1－3）；它们并接成星形与三相电源 U，V，W 相连。三相定子绕组通过三相对称电流（图 1－4）。随着电流在定子绕组中通过，三相定子绕组中会产生旋转磁场（图 1－5）。

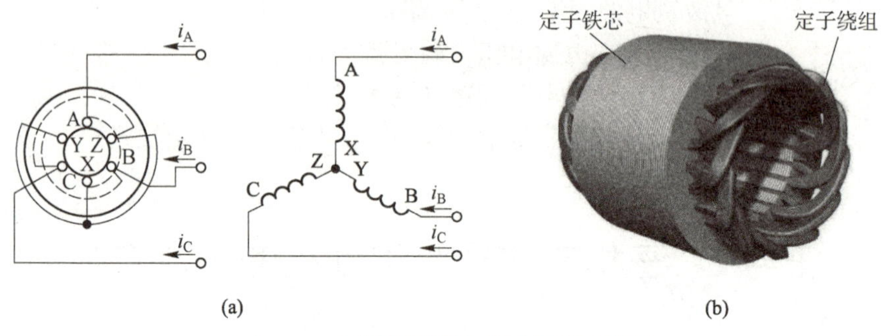

图 1－3　三相交流异步电动机定子绕组

（a）原理；（b）实物

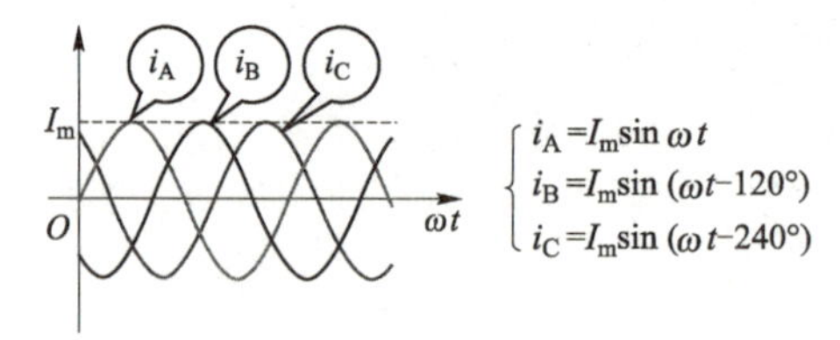

图 1－4　三相交流异步电动机定子绕组中的三相电流相序

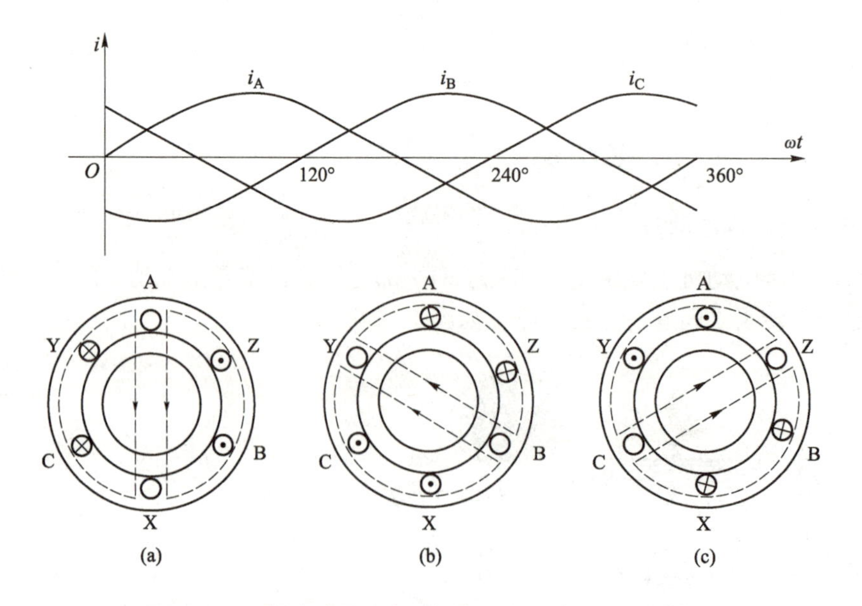

图 1－5　三相交流异步电动机定子绕组产生的旋转磁场

（a）$\omega t = 0°$；（b）$\omega t = 120°$；（c）$\omega t = 240°$

2）三相交流异步电动机工作过程

三相交流异步电动机工作过程如图 1－6 所示。

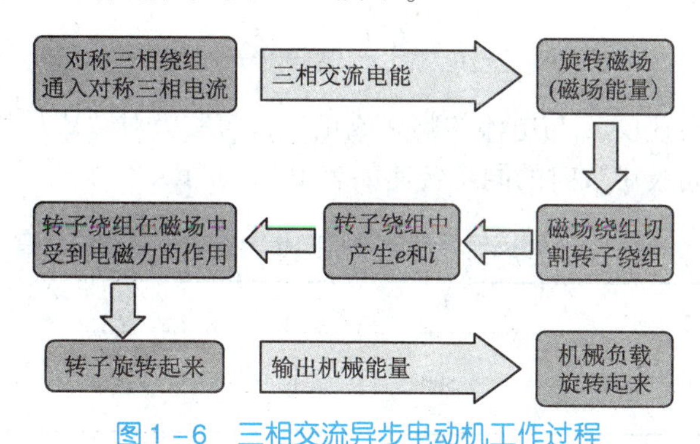

图 1－6　三相交流异步电动机工作过程

二、三相交流异步电动机调速方法

1. 变极对数调速方法

变极对数调速方法是通过改变定子绕组的接线方式来改变笼型电动机定子极对数达到调速目的。采用变极对数调速方法的电动机称为多速电动机，由于调速时其转速呈跳跃性变化，因此本方法适用于不需要无级调速的生产机械，如金属切削机床、升降机、起重设备、风机、水泵等。

如图 1－7（a）所示，每相上有一组线圈，极对数 $p=1$；如图 1－7（b）所示，每相上有两组线圈串联，极对数 $p=2$。

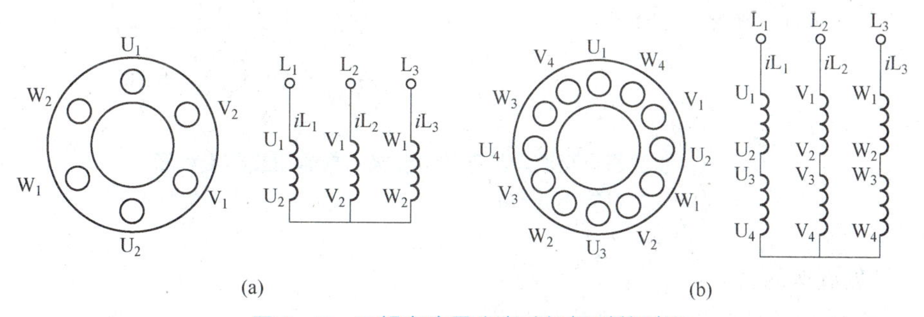

图 1－7　三相交流异步电动机极对数对比

（a）一对极；（b）二对极

1）当 $p=1$ 时

电流变化 1 周→旋转磁场转 1 圈。

电流每秒钟变化 50 周→旋转磁场转 50 圈。

电流每分钟变化（50×60）周→旋转磁场转 3 000 圈。

2）当 $p=2$ 时

电流变化 1 周→旋转磁场转半圈。

电流每秒钟变化 50 周→旋转磁场转 25 圈。

电流每分钟变化（25×60）周→旋转磁场转 1 500 圈。

三相交流异步电动机的同步转速为

$$n_0 = \frac{60f}{p} \ (\mathrm{r/min})$$

所以，旋转磁场的旋转速度 n_0 与电流的频率成正比，与磁极对数成反比。

$f=50$ Hz 时，不同极对数时的同步转速如表 1－1 所示。

表 1－1　三相交流异步电动机同步转速与极对数的对照

极对数 p	1	2	3	4	5	6
磁场转速 $n_0/(\mathrm{r \cdot min^{-1}})$	3 000	1 500	1 000	750	600	500

图 1－8 所示为一种双速三相交流异步电动机变极对数调速线圈接线图，图 1－8（a）所示为三角形（△）连接法，极对数 $p=2$，低速；图 1－8（b）所示为双星形（2Y）连接法，极对数 $p=1$，高速。

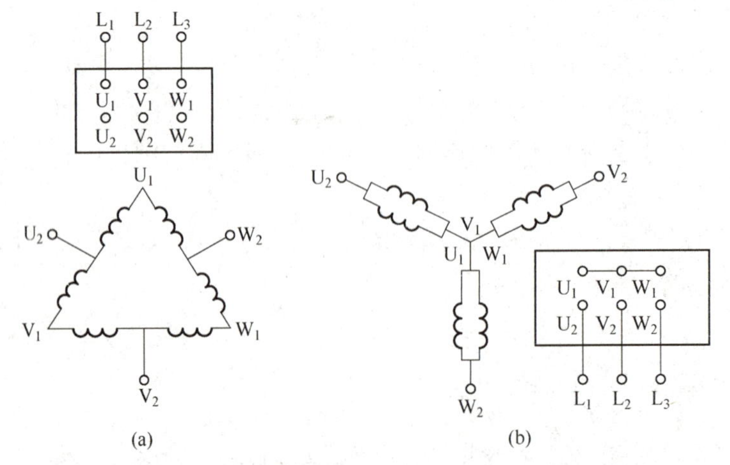

图 1－8　双速三相交流异步电动机变极对数调速线圈接线图

（a）四极时，$p=2$（三角形连接法）；（b）二极时，$p=1$（双星形连接法）

变极对数调速的特点：

（1）具有较硬的机械特性，稳定性良好。

（2）无转差损耗，效率高。

（3）接线简单、控制方便、价格低。

（4）有级调速，级差较大，不能平滑调速。

（5）可以与调压调速、电磁转差离合器配合使用，获得较高效率的平滑调速特性。

2. 变频调速方法

变频调速是通过改变电动机定子电源的频率，从而改变其同步转速的调速方法。变频调速系统主要设备是提供变频电源的变频器，变频器可分成交流—直流—交流变频器和交流—交流变频器两大类，目前国内大都使用交流—直流—交流变频器。本方法适用于要求精度高、调速性能较好的场合。变频器调速原理如图 1－9 所示。

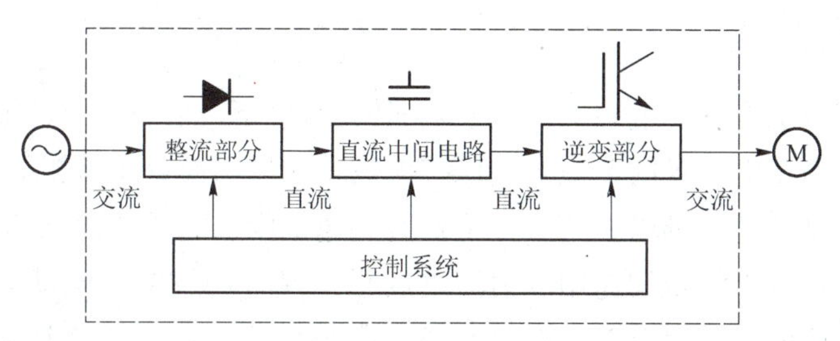

图 1-9　变频器调速原理

变频调速的特点：

(1) 效率高，调速过程中没有附加损耗。

(2) 应用范围广，可用于笼型异步电动机。

(3) 调速范围大，特性硬，精度高。

(4) 技术复杂，造价高，维护检修困难。

3. 绕线式电动机转子串电阻调速方法

绕线式电动机转子串入附加电阻，使电动机的转差率增大，电动机在较低的转速下运行，如图 1-10 所示。串入的电阻越大，电动机的转速越低。

绕线式电动机转子串电阻调速的特点：设备简单，控制方便，但转差功率以发热的形式消耗在电阻上，属有级调速，机械特性较软。

4. 串级调速方法

串级调速方法是指在绕线式电动机转子回路中串入可调节的附加电势来改变电动机的转差，达到调速的目的，如图 1-11 所示。大部分转差功率被串入的附加电势所吸收，再利用产生附加电势的装置，把吸收的转差功率返回电网或转换为能量加以利用。根据转差功率吸收利用方式，串级调速可分为电动机串级调速、机械串级调速及晶闸管串级调速三种形式，实际应用中多采用晶闸管串级调速。

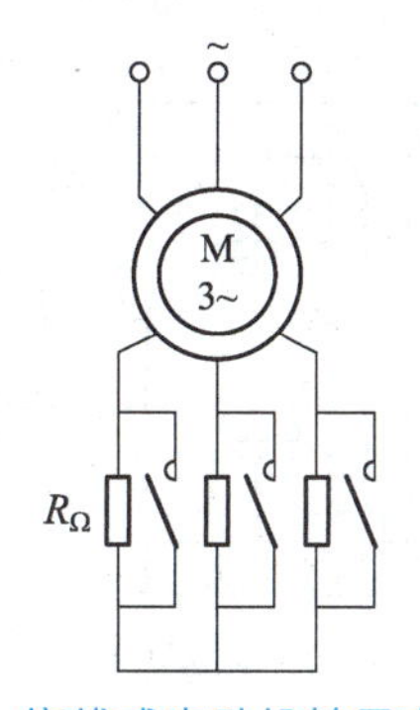

图 1-10　绕线式电动机转子串电阻调速

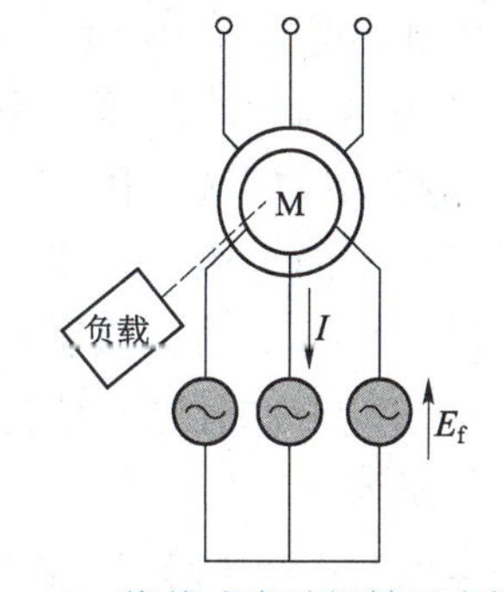

图 1-11　绕线式电动机转子串级调速

串级调速的特点：

(1) 转子吸收的功率可以反馈一部分给电网，效率高于串电阻调速。

(2) 设备费用较高，线路较复杂。

(3) 适用于高电压、大容量绕线式（异步）电动机负载，如不可逆轧钢机、矿井提升机等。

5. 定子调压调速方法

定子调压调速方法是改变电动机的定子电压时，可以得到一组不同的机械特性曲线，从而获得不同转速。由于电动机的转矩与电压平方成正比，因此最大转矩下降很多，其调速范围较小，使一般笼型电动机难以应用。为了扩大调速范围，定子调压调速应采用转子电阻值大的笼型电动机，如专供调压调速用的力矩电动机，或者在绕线式电动机上串联频敏电阻。为了扩大稳定运行范围，调速在2∶1以上的场合应采用反馈控制以达到自动调节转速目的。定子调压调速的主要装置是一个能提供电压变化的电源，目前常用的调压方式有串联饱和电抗器、自耦变压器以及晶闸管调压等，其中以晶闸管调压方式为最佳。定子调压调速一般适用于100 kW以下的生产机械，带闭环调节电压系统如图1－12所示。

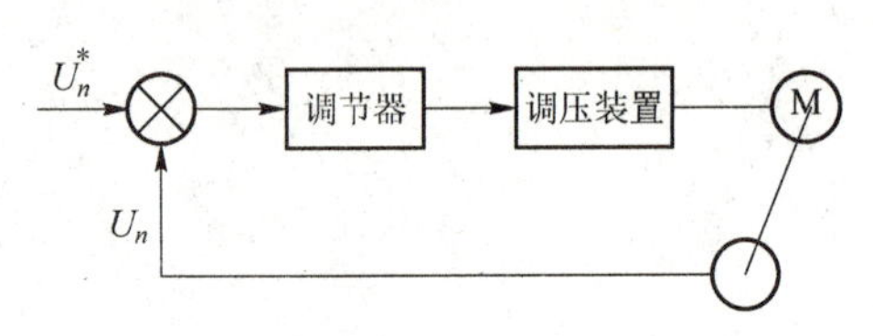

图1－12　带闭环调节电压系统

定子调压调速的特点：

（1）调压调速线路简单，易实现自动控制。

（2）调压过程中转差功率以发热形式消耗在转子电阻中，低速时功率损耗较大，电动机发热严重，效率较低。

6. 电磁调速电动机调速方法

电磁调速电动机由笼型电动机、电磁转差离合器和直流励磁电源（控制器）三部分组成。直流励磁电源功率较小，通常由单相半波或全波晶闸管整流器组成，改变晶闸管的导通角，可以改变励磁电流的大小。电磁转差离合器由转子、磁极和励磁绕组三部分组成。转子和后者没有机械联系，能自由转动。转子与电动机转子同轴连接，称主动部分，其由电动机带动；磁极用联轴节与负载轴对接，称从动部分。当转子与磁极均为静止时，如励磁绕组通以直流，则沿气隙圆周表面将形成若干对N、S极性交替的磁极，其磁通经过转子。当转子随拖动电动机旋转时，转子与磁极间的相对运动，使转子感应产生涡流，此涡流与磁通相互作用产生转矩，带动有磁极的转子按同一方向旋转，但其转速恒低于转子的转速 n_1。这是一种转差调速方式，变动转差离合器的直流励磁电流，便可改变离合器的输出转矩和转速。电磁调速电动机调速如图1－13所示。

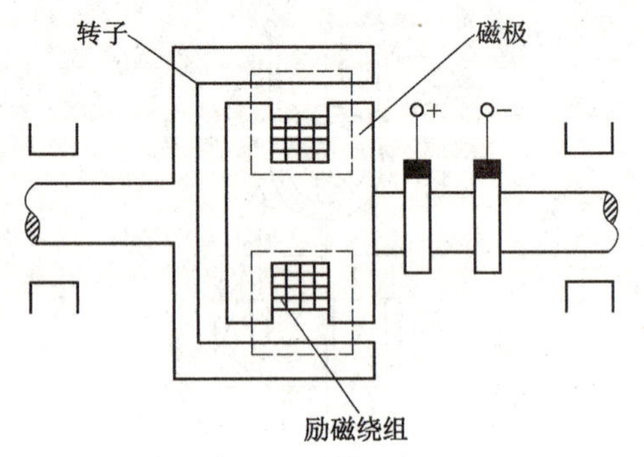

图1－13　电磁调速电动机调速

电磁调速电动机调速的特点：

（1）装置结构及控制线路简单、运行可靠、维修方便。

（2）调速平滑、无级调速。

（3）对电网无谐波影响。

（4）适用于中、小功率，要求平滑、短时低速运行的生产机械。

【任务实施】

一、工具、仪表及电气元件

（1）工具：测电笔、螺丝刀、尖嘴钳、斜口钳、剥线钳、电工刀等。

（2）仪表：ZC7（500 V）型兆欧表、DT－9700 型钳形电流表、MF500 型万用表（或数字万用表 DT980）。

（3）电气元件（表 1－2）。

表 1－2　电气元件明细

代号	名称	型号	规格	数量
M	三相交流异步电动机	Y112M－4	4 kW，380 V，三角形连接法，8.8 A，1 440 $r \cdot min^{-1}$	1

二、训练步骤及工艺要求

（1）观察三相交流异步电动机，说出其组成。

（2）交流电动机工作原理分析。

（3）列出交流电动机转速公式，分析与转速相关的因素。

（4）说出交流电动机的常用调速方法及特点，分析其应用场合。

三、注意事项

电动机必须安放平稳，电动机及按钮金属外壳必须可靠接地。

四、任务评价

三相交流异步电动机调速方法评分细则如表 1－3 所示。

表 1－3　三相交流异步电动机调速方法评分细则

序号	项目内容	评分标准		配分	扣分	得分	备注
1	认识电动机结构和仪表的使用	（1）结构叙述不正确，每处扣 5 分 （2）仪表使用不正确，每处扣 5 分 （3）不会写调速公式，每处扣 5 分		50			
2	认识电动机工作原理	不熟悉电动机工作原理，每处扣 5 分		20			
3	认识常用电动机的调速方法	（1）不熟悉调速方法，每处扣 5 分 （2）不熟悉调速特点，每处扣 5 分		20			
4	安全、文明生产	每违反一项扣 5 分		10			
5	工时	2 h					
6	备注		合计				
			教师签字	年　月　日			

【任务总结】

三相交流异步电动机的起动

所谓三相交流异步电动机的起动过程是指三相交流异步电动机从接入电网开始转动时起，到达额定转速为止的这一段过程。

三相交流异步电动机在起动时起动转矩并不大，但转子绕组中的电流 I 很大，通常可达额定电流的 4 ~7 倍，从而使得定子绕组中的电流相应增大为额定电流的 4 ~7 倍。这么大的起动电流将带来下述不良后果：

（1）起动电流过大使电压损失过大，起动转矩不够，使电动机根本无法起动。

（2）使电动机绕组发热，绝缘老化，从而缩短了电动机的使用寿命。

（3）造成过流保护装置误动作、跳闸。

（4）使电网电压产生波动，进而影响连接在电网上的其他设备的正常运行。

因此，电动机起动时，在保证一定大小的起动转矩的前提下，还要将起动电流限制在允许的范围内。

任务 2　交流电动机常用调速电路

【任务目标】

（1）了解所涉及的低压电器的作用、特点及电气符号。

（2）掌握三相交流异步电动机降压起动控制电路的工作原理、安装与调试。

（3）掌握三相交流异步电动机制动控制电路的工作原理、安装与调试。

（4）掌握笼型双速三相交流异步电动机控制电路的工作原理、安装与调试。

（5）掌握绕线式电动机转子回路串接电阻器调速控制线路的工作原理、安装与调试。

【任务分析】

本任务要求掌握三相交流异步电动机常用起动、调速、制动等电气控制方法及安装调试。

【知识准备】

一、低压电器

1. 自动空气开关

自动空气开关又称低压断路器，是一种既有手动开关作用，又能自动进行失压、欠压过载和短路保护的电器，在电路正常工作条件下可用来分配电能，不频繁地起动异步电动机，

对电源线路及电动机等实行保护，在电路发生严重的过载、短路及欠电压等故障时能自动切断电路。

1）基本结构及动作原理

图1－14所示为低压断路器，图1－15所示为低压断路器的结构。当电路发生短路或严重过载故障时，过流脱扣器的衔铁被吸合，使自动脱扣器机构动作；当电路过载时，过载脱扣器的热元件产生的热量增加，使双金属片向上弯曲，推动自动脱扣器机构动作；当电路欠压时，欠压脱扣器的衔铁被释放，也使自动脱扣器机构动作。

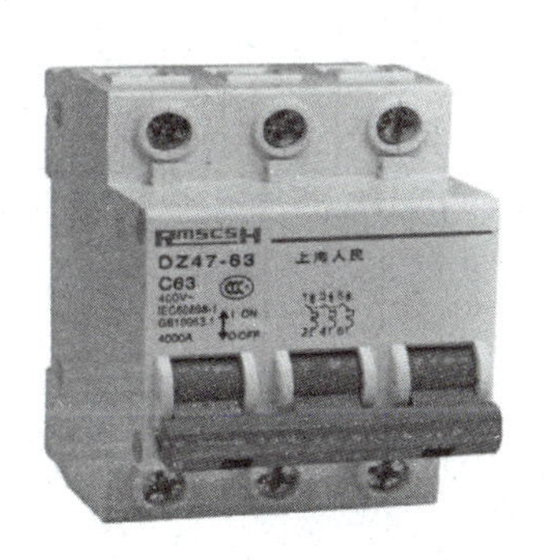

图1－14　低压断路器

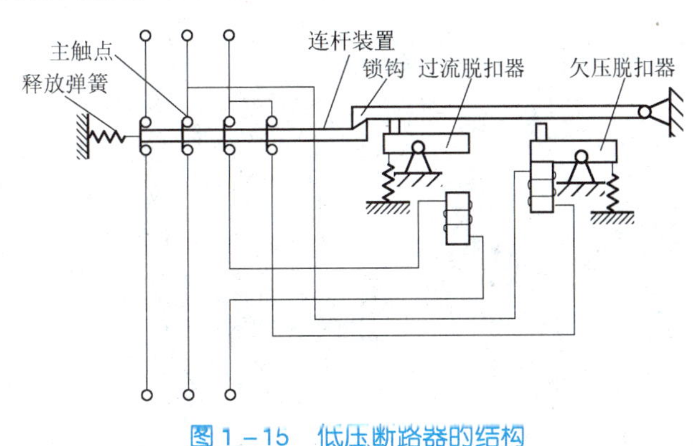

图1－15　低压断路器的结构

2）符号

自动空气开关电气符号如图1－16所示。

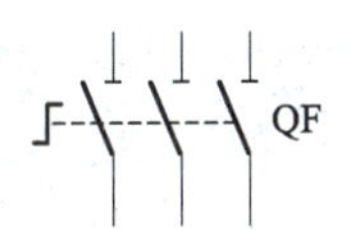

图1－16　自动空气开关电气符号

视野拓展

> 低压断路器的结构有框架式（又称万能式）和塑料外壳式（又称装置式）两大类。框架式断路器为敞开式结构，适用于大容量配电装置；塑料外壳式断路器的外壳用绝缘材料制作，具有良好的安全性，广泛用于电气控制设备，在建筑物内做电源线路保护，对电动机进行过载和短路保护。

2. 漏电保护器

漏电保护器是一种电气安全装置，如图1－17所示。在低压电路中，当发生漏电和触电故障，且达到漏电保护器所限定的动作电流值时，漏电保护器则立即在限定的时间内自动断开电源以进行保护。

1）基本结构及动作原理

漏电保护器主要由检测元件（零序电流互感器）、中间放大环节（包括放大器、比较器、脱扣器等）、操作执行机构（主开关）以及试验元件等几部分组成。

（1）检测元件。由零序电流互感器组成，检测漏电电流，并发出信号。

（2）中间放大环节。将微弱的漏电信号放大，按装置不同（放大部件可采用机械装置或电子装置），构成电磁式保护器或电子式保护器。

（3）操作执行机构。收到信号后，主开关由闭合位置转换到断开位置，从而切断电源，因此它是被保护电路脱离电网的跳闸部件。

2）符号

漏电保护器电气符号如图 1－18 所示。

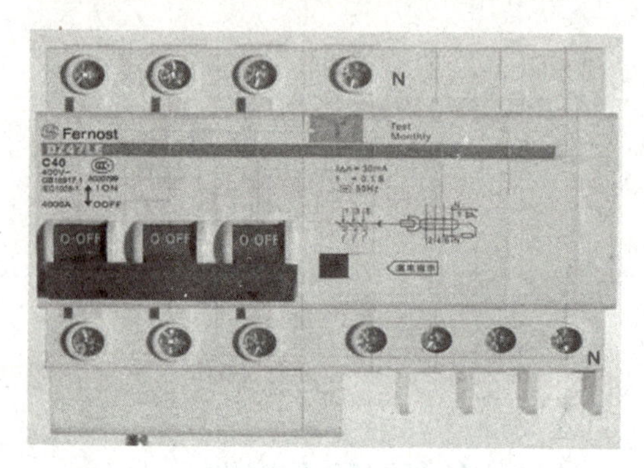

图 1－17　DZ47LE 型漏电保护器

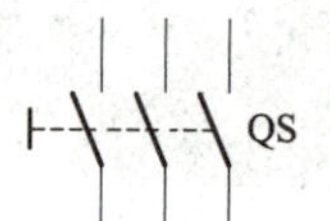

图 1－18　漏电保护器电气符号

查阅资料

自动空气开关与漏电保护器的区别。

3. 熔断器

1）基本结构及动作原理

熔断器是低压电路及电动机控制线路中一种最简单的过载和短路保护电器。其主要由熔体和安装熔体的熔管或熔座两部分组成。当它串联在被保护的线路中时，线路正常工作，如同一根导线，起通路作用；当线路短路或过载时熔断器熔断，起到保护线路上其他电器设备的作用。常用的熔断器有瓷插式、螺旋式（图 1－19）、无填料封闭管式和有填料封闭管式（图 1－20）三种。

2）符号

熔断器电气符号如图 1－21 所示。

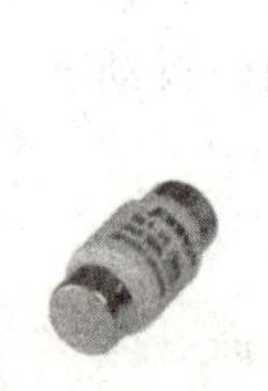

图 1－19　螺旋式熔断器

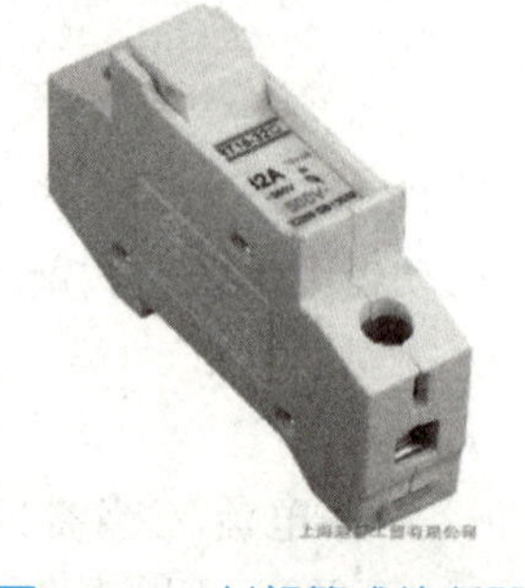

图 1－20　封闭管式熔断器

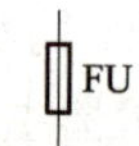

图 1－21　熔断器电气符号

在安装螺旋式熔断器时要注意遵循低进高出的原则。

4. 按钮

按钮又称控制按钮或按钮开关，是一种手动控制电器，如图 1－22 所示。它只能短时接通或分断 5 A 以下的小电流电路，向其他电器发出指令性的电信号，控制其他电器动作。由于按钮载流量小，所以不能直接控制主电路的通断。

按钮主要用于控制接触器、磁力起动器、继电器等电器的电磁线圈的通/断电，进而控制电动机和电气设备的运行，或控制信号及电气联锁装置。

1）基本结构

按钮一般由按钮帽、复位弹簧、桥式动触头、静触头、支柱连杆及外壳等部分组成，如图 1－23 所示。按钮按静态（不受外力作用）时触头的分合状态，可分为常开按钮（起动按钮）、常闭按钮（停止按钮）和复合按钮（常开、常闭组合为一体的按钮）三种。

图 1－22　按钮

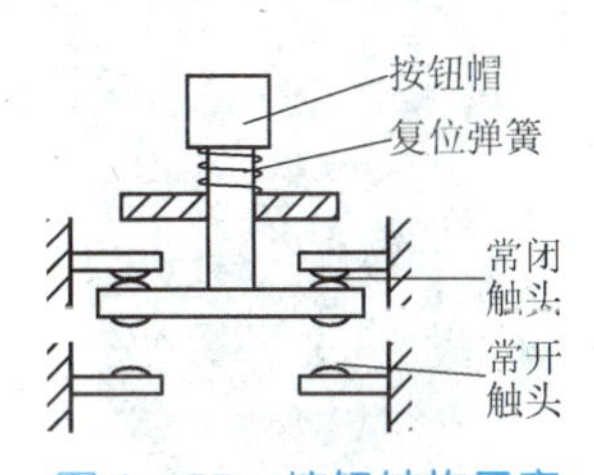

图 1－23　按钮结构示意

常开按钮：未按下时，触头是断开的；按下时触头闭合，松开后，按钮自动复位。

常闭按钮：与常开按钮相反，未按下时，触头是闭合的；按下时触头断开，松开后，按钮自动复位。

复合按钮：将常开和常闭按钮组合为一体。按下复合按钮时，其常闭触头先断开，然后常开触头再闭合；而松开时，常开触头先断开，然后常闭触头再闭合。

2）符号

按钮电气符号如图 1－24 所示。

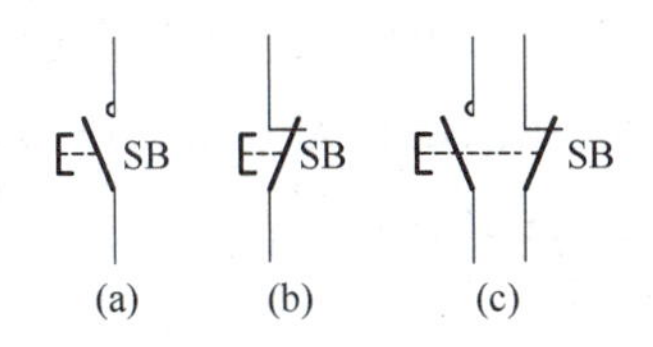

图 1－24　按钮电气符号

（a）常开按钮；（b）常闭按钮；（c）复合按钮

查阅资料

有哪些不同颜色的按钮？它们有什么特殊的意义吗？

5. 交流接触器

交流接触器是一种用来频繁接通和断开交流、直流主电路及大容量控制电路的自动切换电器。它具有低压释放保护功能，可进行频繁操作、实现远距离控制，是电力拖动自动控制线路中使用最广泛的电气元件。

1）基本结构

交流接触器的主要部分是电磁系统、触头系统和灭弧装置，其外形和结构如图 1－25 所示。电磁系统通常包括吸引线圈、铁芯和衔铁三部分。交流接触器的特点是有交流线圈和短路环，并采用双断口触头。

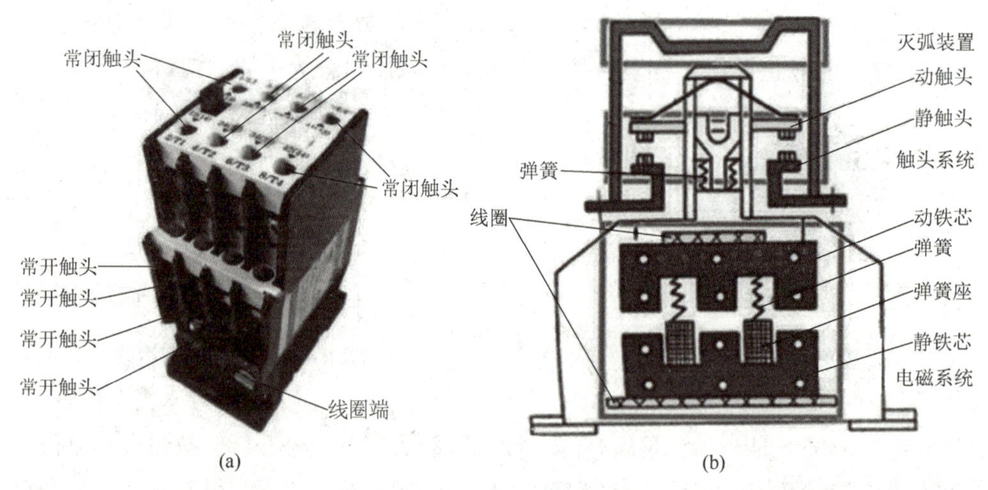

图 1－25 交流接触器

（a）外形；（b）结构

2）工作原理

交流接触器有两种工作状态，即得电状态（动作状态）和失电状态（释放状态）。交流接触器主触头的动触头被装在与衔铁相连的绝缘连杆上，其静触头则被固定在壳体上。当线圈得电后，线圈产生磁场，使静铁芯产生电磁吸力，将衔铁吸合。衔铁带动动触头动作，使常闭触头断开，常开触头闭合，分断或接通相关电路。当线圈失电时，电磁吸力消失，衔铁在弹簧的作用下被释放，各触头随之复位。

3）符号

交流接触器电气符号如图 1－26 所示。

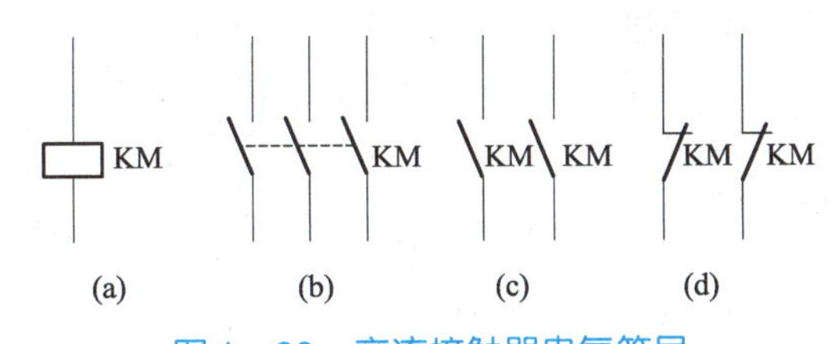

图 1-26　交流接触器电气符号

(a) 线圈；(b) 主触头；(c) 常开辅助触头；(d) 常闭辅助触头

二、三相交流异步电动机常用起动、制动、调速等电气控制方法

1. 三相交流异步电动机 Y-△降压起动控制

Y-△降压起动是指电动机起动时，把定子绕组接成 Y 形，以降低起动电压，限制起动电流。待电动机起动后，再把定子绕组改接成△形，使电动机全压运行。凡是在正常运行时定子绕组为△形连接的异步电动机，均可采用这种降压起动方法。

电动机起动时把定子绕组接成 Y 形，加在每相定子绕组上的起动电压只有△形接法的 $1/\sqrt{3}$，起动电流为△形接法的 1/3，起动转矩也只有△形接法的 1/3。这种降压起动方法，只适用于轻载或空载下起动。

Y-△降压起动可分为步骤 1~3。

步骤 1：根据电路原理图分析工作原理，Y-△降压起动控制电路如图 1-27 所示。

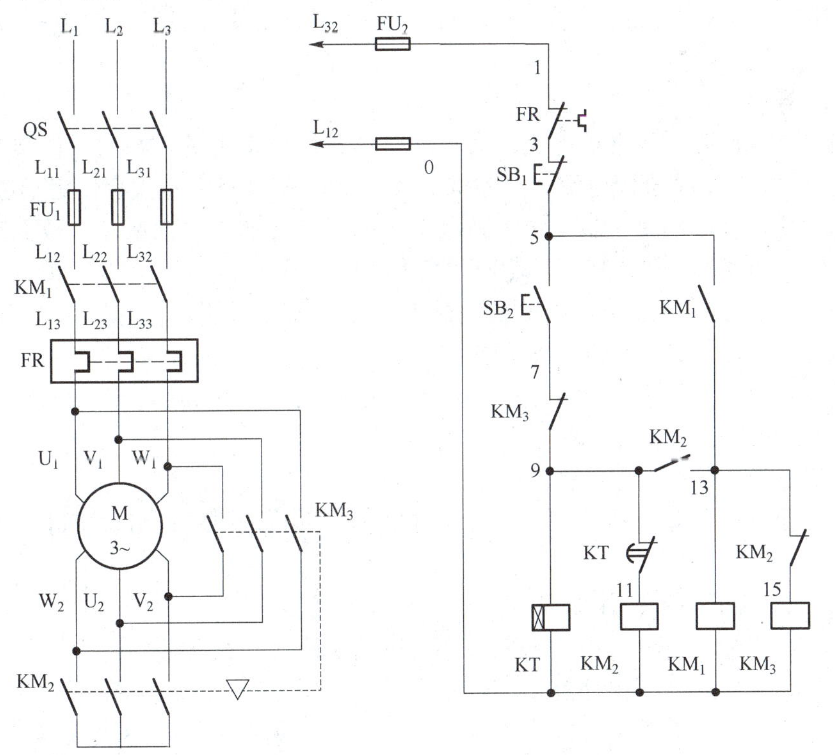

图 1-27　Y-△降压起动控制电路

步骤 2：讲述降压起动工作原理。

（1）合上开关 QS。

（2）起动过程如图 1－28 所示。

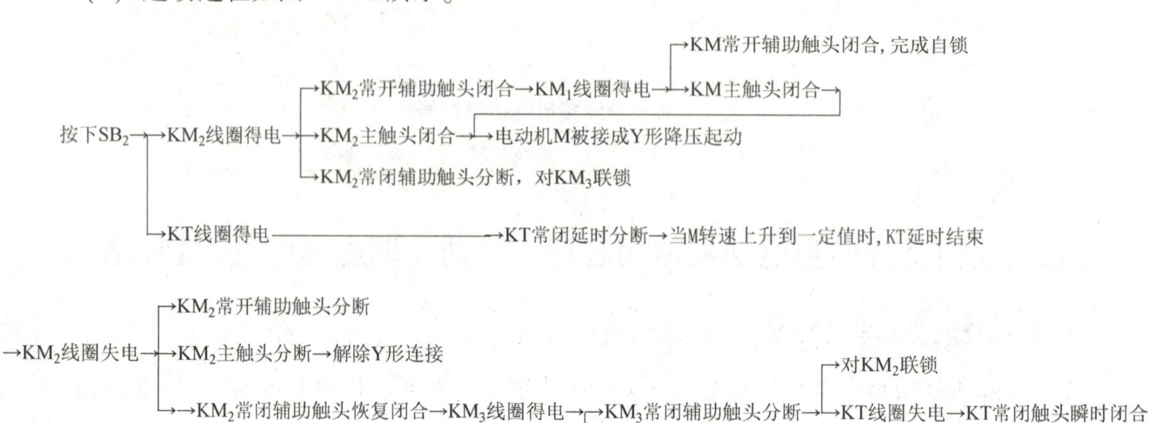

图 1－28 启动过程

（3）停止：按下 SB_1 即可。

步骤 3：根据电气控制原理图选择元器件、安装、接线、调试（选做）。

2. 三相交流异步电动机的制动控制

当切断电动机交流电源后，立即在任意两组定子绕组中通入直流电，迫使电动机迅速停转的方法称为能耗制动。

能耗制动的特点：

（1）制动作用的强弱与直流电流的大小和电动机的转速有关，在同样的转速下电流越大制动作用越强。一般取直流电流为电动机空载电流的 3～4 倍，过大会使定子过热。

（2）电动机能耗制动时，制动转矩随电动机的惯性转速下降而减小，故制动平稳且能量消耗小，但是制动力较弱，特别是低速时尤为突出；另外控制系统需附加直流电源装置。

（3）一般在重型机床中常与电磁抱闸配合使用，先能耗制动，待转速降至一定值时，再令抱闸动作，可有效实现准确、快速停车。

（4）能耗制动一般用于制动要求平稳准确、电动机容量大和起、制动频繁的场合，如磨床、龙门刨床及组合机床的主轴定位等。

三相交流异步电动机能耗制动过程可分为步骤 1～3。

步骤 1：根据电路原理图分析工作原理，三相交流异步电动机能耗制动控制电路如图 1－29 所示。

步骤 2：讲述能耗制动工作原理。

合上电源开关 QS，按下 SB_1，KM_1 线圈得电，KM_1 自锁触头闭合，KM_1 主触头闭合，KM_1 联锁触头分断；按下 SB_2，KM_1 线圈失电，KM_1 自锁触头分断，KM_1 主触头分断，KM_1 联锁触头闭合，KM_2 线圈得电，KT 线圈得电，KM_2 自锁触头闭合，KM_2 主触头分断闭合，电动机半波能耗制动，KM_2 联锁触头分断，KT 瞬时闭合触头闭合；松开 SB_2，KT 延时断开触头延时分断，KM_2 线圈失电，KT 线圈失电，各触头复位。

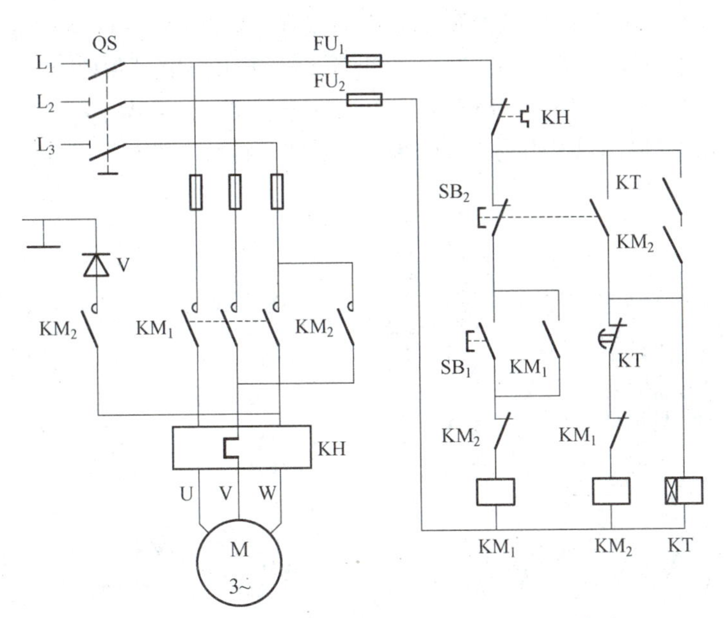

图 1－29　三相交流异步电动机能耗制动控制电路

步骤 3：根据电气控制原理图选择元器件、安装、接线、调试（选做）。

3. 笼型双速三相交流异步电动机的控制

双速电动机的变速采用改变绕组的连接方式，也就是说，用改变电动机旋转磁场的磁极对数 p 来改变它的转速。

（1）在定子槽内嵌有两个不同极对数的共有绕组，通过外部控制电路的切换来改变电动机定子绕组的接法，从而变更磁极对数。

（2）在定子槽内嵌有两个不同极对数的独立绕组，而且每个绕组又可以有不同的连接方法。

一般情况下，双速电动机低速时定子绕组被接成三角形，如图 1－30 所示。高速时定子绕组被接成双星形，如图 1－31 所示。

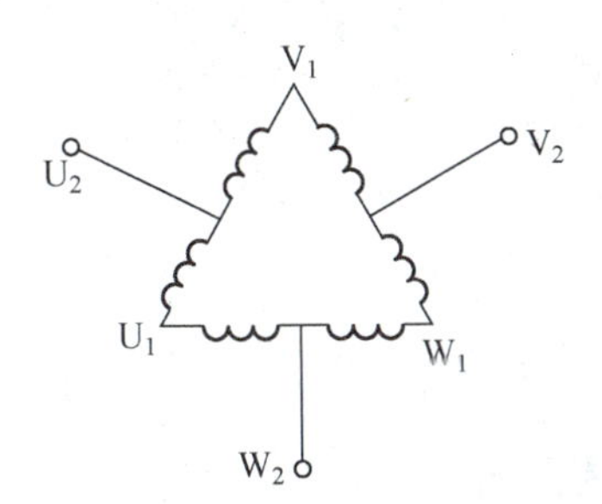

图 1－30　双速电动机低速时定子绕组接法

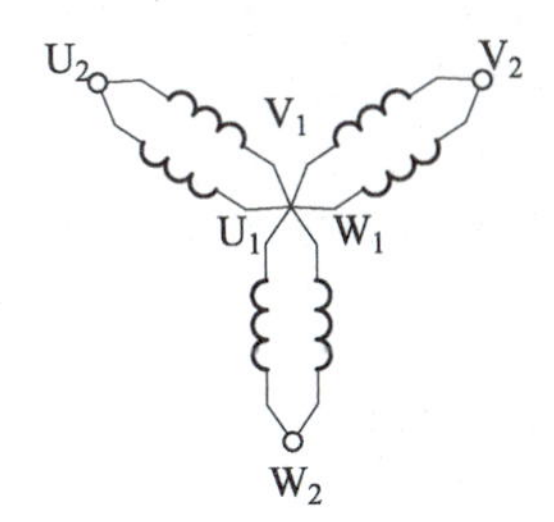

图 1－31　双速电动机高速时定子绕组接法

笼型双速三相交流异步电动机的控制可分为步骤 1～3。

步骤 1：根据电路原理图分析工作原理，笼型双速三相交流异步电动机的控制电路如图 1－32所示。

步骤 2：讲述调速控制工作原理。

（1）合上开关 QS。

（2）起动：按下 SB_2→KM_1 线圈得电吸合→ KM 主触头闭合→M 低速起动运转。

（3）4 s 后：KT 延时触头断开→KM_1 失电→KM_3 得电→KM_2 得电→M 高速运转。

（4）停止：按下 SB_1→控制回路干路断开→所有线圈失电→M 停止。

步骤 3：根据电气控制原理图选择元器件、安装、接线、调试（选做）。

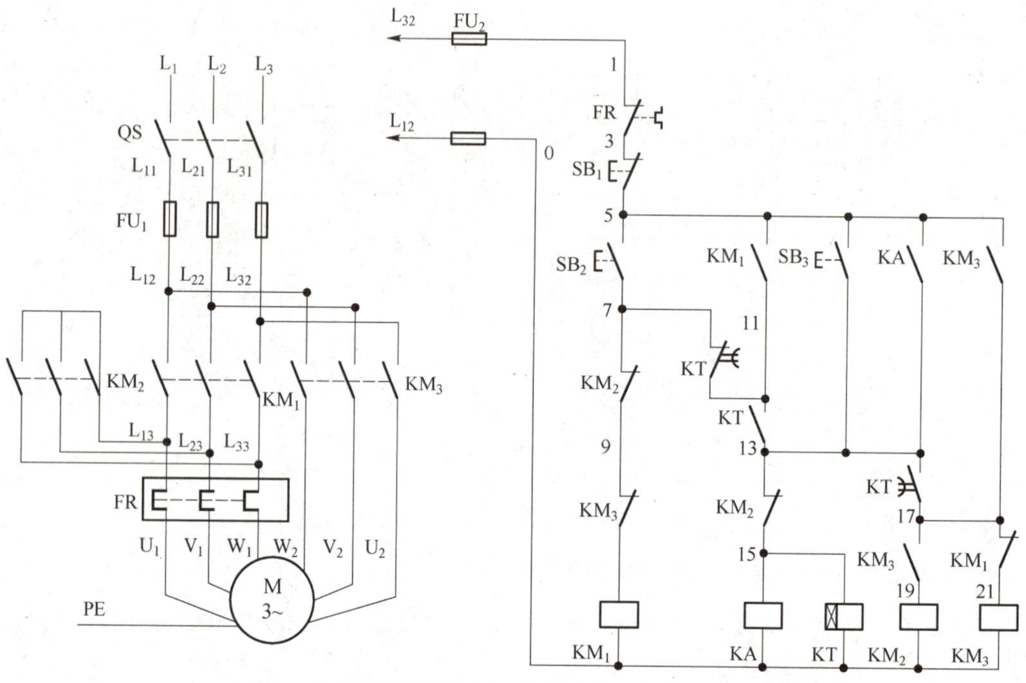

图 1－32　笼型双速三相交流异步电动机的控制电路

4. 绕线式三相交流异步电动机转子回路串接电阻器调速控制

绕线式三相交流异步电动机的转子绕组与定子绕组相似，也是一个对称的三相绕组，一般被接成 Y 形，将三个出线头接到转轴的三个集电环（滑环）上，再通过电刷与外电路连接，如图 1－33 所示。

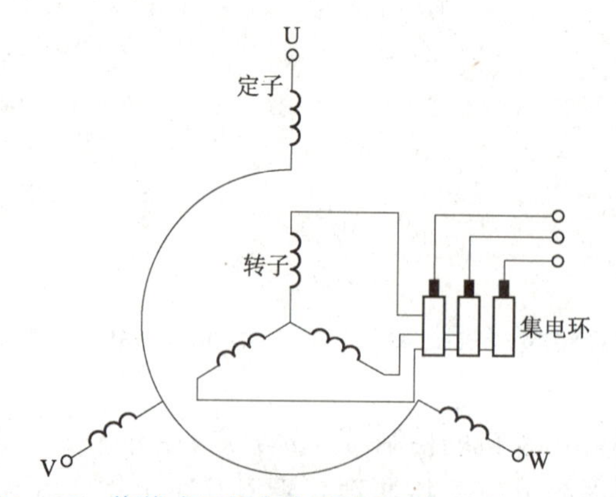

图 1－33　绕线式三相交流异步电动机的转子接线电路

绕线式三相交流异步电动机可以在转子回路中串入电阻进行起动，这样就减小了起动电流。一般采用串接变阻器起动，起动时将全部电阻串入转子电路中，随着电动机转速逐渐加

快，利用控制器逐级切除起动电阻，最后将全部起动电阻从转子电路中切除。这种方法适用于中小功率低压电动机，可分为步骤 1～3。

步骤 1：根据电路原理图分析工作原理，绕线式三相交流异步电动机的转子回路串电阻调速控制电路如图 1－34 所示。

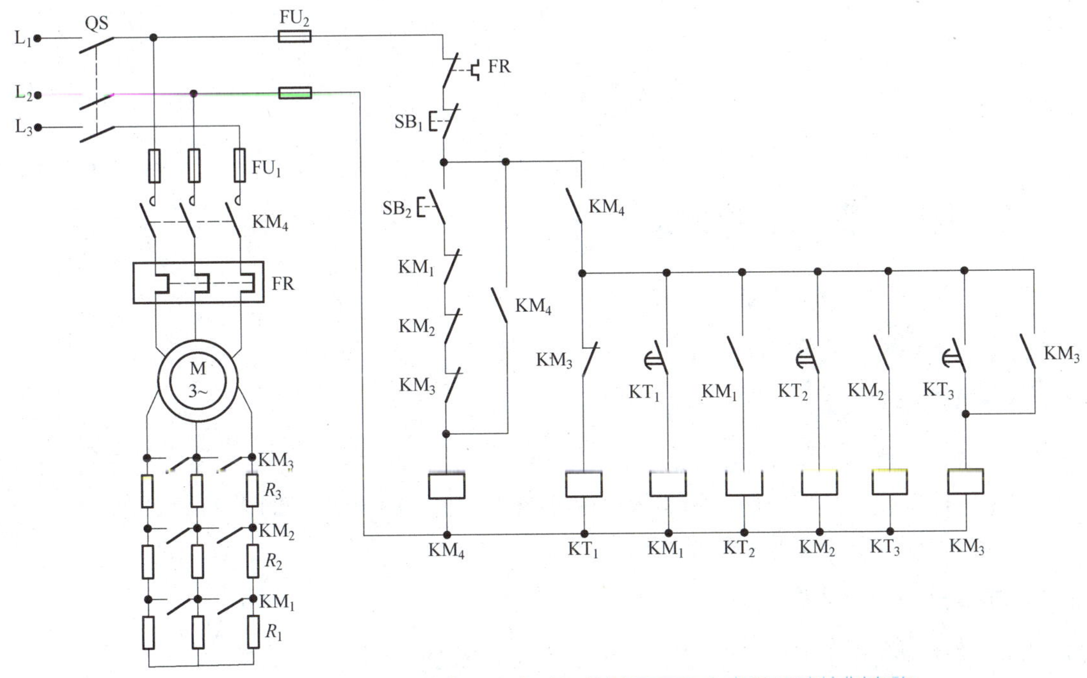

图 1－34　绕线式三相交流异步电动机的转子回路串电阻调速控制电路

步骤 2：讲述调速控制工作原理。

按下 SB_2 按钮，电动机第一速（最低速）起动。3 s（时间继电器设定）后，第二速起动。6 s 后，第三速起动。间隔 9 s 后，全速运转。按下 SB_1 按钮，电动机失电停转。

步骤 3：根据电气控制原理图选择元器件、安装、接线、调试。

【任务实施】

一、工具、仪表及电气元件

（1）工具：测电笔、螺丝刀、尖嘴钳、斜口钳、剥线钳、电工刀等。

（2）仪表：ZC7（500 V）型兆欧表、DT－9700 型钳形电流表、MF500 型万用表（或数字万用表 DT980）。

（3）电气元件（表 1－4）。

表 1－4　电气元件明细

代号	名称	型号	规格	数量
M	三相交流异步电动机	YR2－112M	380 V，15.6 A	1
QS	组合开关	HZ10－25/3	三极，25 A	1
FU_1	熔断器	RL1－60/25	500 V，60 A，配熔体 25 A	3

续表

代号	名称	型号	规格	数量
FU_2	熔断器	R-15/2	500 V，15 A，配熔体 2 A	2
KM_1 ~ KM_4	交流接触器	CJTI-10	20 A，线圈电压 380 V	4
FR	热继电器	JR16-20/3	三极，20 A，整定电流 15.6 A	1
R_1 ~ R_9	电阻			9
R	三相可调电阻			1
SB_1 - SB_5	按钮	LA10-3H	保护式，380 V，5 A，按钮数 3	2
XT	端子板	JX2-101	380 V、10 A、15 节	1

二、训练步骤及工艺要求

1. 电气原理图识读与分析

识读图 1-34 所示控制电路并分析其电路构成。

2. 电气元件安装固定

（1）清点、检查电气元件。

（2）设计绕线式电动机转子回路串电阻器调速控制线路电器布置图。

（3）根据电气安装工艺规范安装固定元器件。

3. 电气控制电路连接

（1）设计绕线式电动机转子回路串电阻器调速控制线路电气接线图。

（2）按电气安装工艺规范实施电路布线连接。

4. 电气控制电路通电试验、调试排故

（1）对安装完毕的控制线路板，必须按要求进行认真检查，确保接线无误后才允许通电试车。

（2）经指导教师复查认可，且在指导教师在场监护的情况下进行通电校验。

（3）若在校验过程中出现故障现象，学生应独立进行调试排故。

（4）断开电源，等电动机停转后，先拆除三相电源线，再拆除电动机接线，然后整理训练场地，恢复原状。

三、注意事项

（1）电动机必须安放平稳，电动机及按钮金属外壳必须可靠接地。

（2）在起动前要确保起动电阻被全部接入电动机的转子绕组中。

（3）热继电器 FR_1 的整定电流及其在主电路中的接线不要弄错。

（4）通电试车前，要复验电动机的接线是否正确，并测试绝缘电阻是否符合要求。

四、任务评价

电路安装和调试技能评分细则如表 1-5 所示。

表 1－5　电路安装和调试技能评分细则

序号	项目内容	评分标准	配分	扣分	得分	备注
1	电气原理图识读与分析	原理叙述不正确，每处扣 5 分	10			
2	电气元件安装固定	（1）元器件检测不正确，每处扣 5 分 （2）元器件安装工艺不规范，每处扣 5 分	20			
3	电气控制电路连接	（1）电气安装工艺不规范，每处扣 5 分 （2）电气线路连接不正确，每处扣 5 分	20			
4	电气控制电路通电试验、调试排故	（1）通电前检验不正确，每处扣 5 分 （2）通电调试过程、方法不正确，每处扣 5 分 （3）仪表使用不正确，每处扣 5 分	40			
5	安全、文明生产	每违反一项扣 5 分	10			
6	工时	4 h				
7	备注	合计				
		教师签字	年　月　日			

【任务总结】

了解三相交流异步电动机调速的方法、工作原理及特点，掌握三相交流异步电动机常用调速电路的安装与调试。

任务 3　交流电动机变频调速技术

【任务目标】

（1）掌握变频器面板功能的设置方法。

（2）了解变频器的使用方法，学会变频器的接线方法。

【任务分析】

通过熟悉变频器面板控制进一步学习参数设置，着重学习变频器的接线。通过典型任务掌握用 PLC 实现变频器的多段速运行控制。

【知识准备】

三菱 FR－A740 变频器

在使用三菱 PLC 的 YL－158G 设备中，变频器选用三菱 FR－A700 系列变频器中的FR－A740－3.7k－CHT 型变频器，该变频器额定电压等级为三相 400 V，适用容量为 3.7 kW 及以下的电动机。FR－A700 系列变频器的外观和型号的定义如图 1－35 所示。

FR－A700 系列变频器是一种高性能变频器。在 YL－158G 设备上进行的实训，所涉及的内容包括使用通用变频器所必需的基本知识和技能，着重于变频器的接线、常用参数的设置等方面。

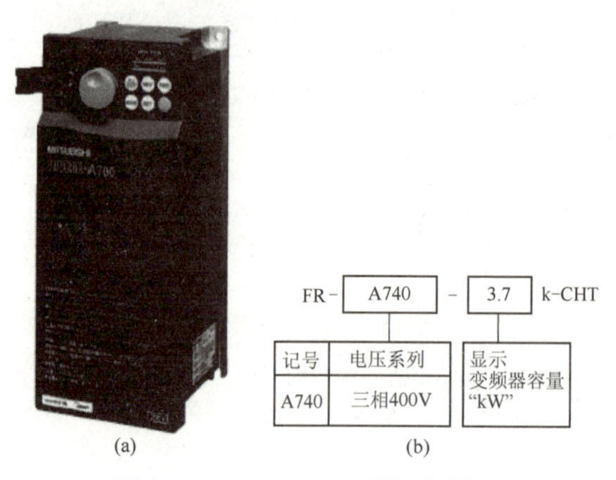

图 1-35　FR-A700 系列变频器

（a）外观；（b）型号的定义

FR-A740 变频器控制电路的接线如图 1-36 所示。

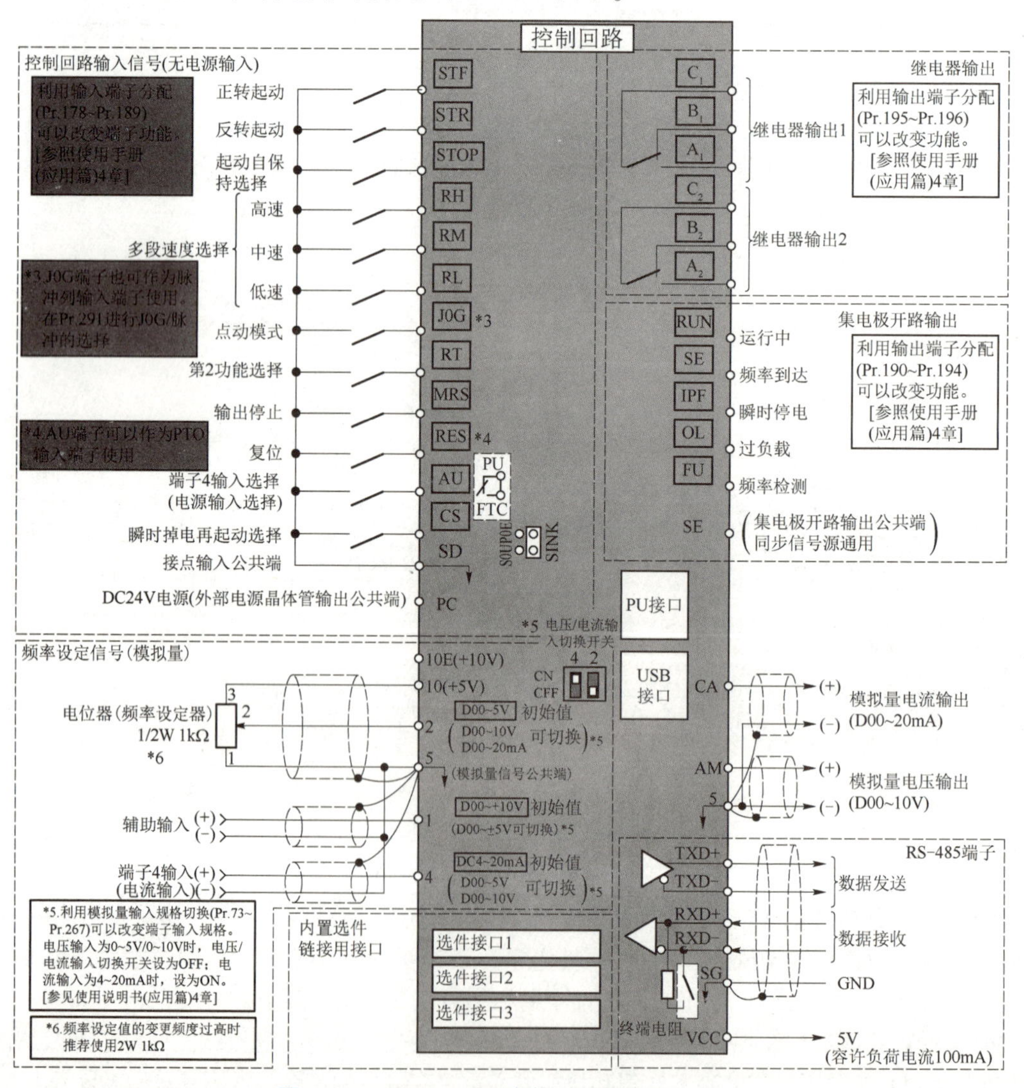

图 1-36　FR-A740 变频器控制电路的接线

如图 1 - 36 所示，控制电路端子分为控制回路输入、频率设定（模拟量输入）、继电器输出（异常输出）、集电极开路输出（状态检测）和模拟电压输出 5 部分，各端子的功能可通过调整相关参数的值进行变更，在各参数为出厂初始值的情况下，控制电路各端子的功能说明如表 1 - 6 和表 1 - 7 所示，网络接口的功能说明如表 1 - 8 所示。

表 1 - 6　控制电路输入端子的功能说明

<table>
<tr><th>种类</th><th>端子编号</th><th>端子名称</th><th colspan="2">端子功能说明</th></tr>
<tr><td rowspan="11">控制回路输入</td><td>STF</td><td>正转起动</td><td>STF 信号为 ON 时正转、为 OFF 时停</td><td rowspan="2">STF、STR 信号同时为 ON 时变成停止指令</td></tr>
<tr><td>STR</td><td>反转起动</td><td>STR 信号为 ON 时反转、为 OFF 时停止指令</td></tr>
<tr><td>RH
RM
RL</td><td>多段速度选择</td><td colspan="2">用 RH、RM 和 RL 信号的组合可以选择多段速度</td></tr>
<tr><td>MRS</td><td>输出停止</td><td colspan="2">MRS 信号为 ON（20 ms 或以上）时，变频器输出停止；
用电磁制动器使电动机停转时可断开变频器的输出</td></tr>
<tr><td>RES</td><td>复位</td><td colspan="2">用于解除保护电路动作时的报警输出；使 RES 信号处于 ON 状态 0.1 s或以上，然后断开。
初始设定为始终可进行复位。但进行了 Pr. 75 的设定后，仅在变频器报警发生时可进行复位。复位时间约为 1 s</td></tr>
<tr><td rowspan="2">SD</td><td>控制输入公共端（漏型）（初始设定）</td><td colspan="2">控制输入端子（漏型逻辑）的公共端子</td></tr>
<tr><td>外部晶体管公共端（源型）</td><td colspan="2">源型逻辑时当连接晶体管输出（即集电极开路输出），例如可编程控制器（PLC）时，将晶体管输出用的外部电源公共端接到该端子，可以防止因漏电引起的误动作</td></tr>
<tr><td rowspan="4">PC</td><td>DC 24V 电源公共端</td><td colspan="2">DC 24V 0.1A 电源（端子 PC）的公共输出端子；
与端子 5 及端子 SE 绝缘</td></tr>
<tr><td>外部晶体管公共端（漏型）（初始设定）</td><td colspan="2">漏型逻辑时当连接晶体管输出（即集电极开路输出），例如可编程控制器（PLC）时，将晶体管输出用的外部电源公共端接到该端子上，可以防止因漏电引起的误动作</td></tr>
<tr><td>控制输入公共端（源型）</td><td colspan="2">控制输入端子（源型逻辑）的公共端子</td></tr>
<tr><td>DC 24 V 电源</td><td colspan="2">可作为 DC 24 V、0.1 A 的电源使用</td></tr>
<tr><td rowspan="4">频率设定</td><td>10</td><td>频率设定用电源</td><td colspan="2">作为外接频率设定（速度设定）用电位器时的电源使用（按照 Pr. 73 模拟量输入选择）</td></tr>
<tr><td>2</td><td>频率设定（电压）</td><td colspan="2">如果输入为 DC 0～5 V（或 0～10 V），在 5 V（10 V）时为最大输出频率，输入输出成正比。通过 Pr. 73 进行 DC 0～5 V（初始设定）和 DC 0～10 V 输入的切换操作</td></tr>
<tr><td>4</td><td>频率设定（电流）</td><td colspan="2">若输入为 DC 4～20 mA（或 0～5 V，0～10 V），在 20 mA 时为最大输出频率，输入输出成正比。只有 AU 信号为 ON 时端子 4 的输入信号才会有效（端子 2 的输入将无效）。通过 Pr. 267 进行 4～20 mA（初始设定）和 DC 0～5 V、DC 0～10 V 输入的切换操作。
电压输入（0～5 V/0～10 V）时，请将电压/电流输入切换开关切换至“V”</td></tr>
<tr><td>5</td><td>频率设定公共端</td><td colspan="2">频率设定信号（端子 2 或 4）及端子 AM 的公共端子；请勿接大地</td></tr>
</table>

表1－7　控制电路输出端子的功能说明

种类	端子编号	端子名称	端子功能说明
继电器输出	A，B，C	继电器输出（异常输出）	指示变频器因保护功能动作时输出停止的 C_1 接点输出。异常时：B－C间不导通（A－C间导通）；正常时：B－C间导通（A－C间不导通）
集电极开路输出	RUN	变频器正在运行	变频器输出频率大于或等于起动频率（初始值0.5 Hz）时为低电平，已停止或正在直流制动时为高电平
	FU	频率检测	输出频率大于或等于任意设定的检测频率时为低电平，未达到时为高电平
	SE	集电极开路输出公共端	端子RUN、FU的公共端子
模拟电压输出	AM	模拟电压输出	可以从多种监示项目中选一种作为输出。变频器复位中不被输出。输出信号与监示项目的大小成比例 输出项目： 输出频率（初始设定）

表1－8　控制电路网络接口的功能说明

种类	端子编号	端子名称	端子功能说明
RS－485	—	PU接口	通过PU接口，可进行RS－485通信。 标准规格：EIA－485（RS－485）。 传输方式：多站点通信。 通信速率：4 800～38 400 b/s。 总长距离：500 m
USB	—	USB接口	与个人计算机通过USB连接后，可以实现三菱变频器设置软件（FR Configurator）的操作。 接口：USB1.1标准。 传输速度：12 Mb/s。 连接器：USB迷你－B连接器（插座：迷你－B型）

【任务实施】

一、工具、仪表及电气元件

（1）工具：测试笔、螺钉旋具、斜口钳、尖嘴钳、剥线钳、电工刀等。

（2）仪表：MF47型万用表、5050型兆欧表。

（3）电气元件：变频器（FR－A700），三相交流异步电动机（200 W）一台。

二、训练步骤

（1）卸下螺钉，拆下变频器的外壳。

（2）在教师的指导下，仔细观察变频器的结构，了解各组成部分的名称及作用。

（3）根据下面的例子来设定、调试变频器。

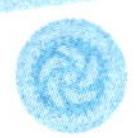

1. 变频器操作面板的操作训练

1）熟悉 FR－A700 系列变频器的操作面板

使用变频器之前，首先要熟悉它的面板显示和键盘操作单元（或称控制单元），并且按照使用现场的要求合理设置参数。FR－A700 系列变频器的参数设置，通常利用固定在其上的操作面板（不能拆下）实现，也可以使用连接到变频器 PU 接口的参数单元（FR－PU07）实现。使用操作面板可以进行运行方式、频率的设定，运行指令监视，参数设定、错误表示等。其操作面板如图 1－37 所示，其上半部为面板显示器，下半部为 M 旋钮和各种按键。它们的具体功能如图 1－37 所示。

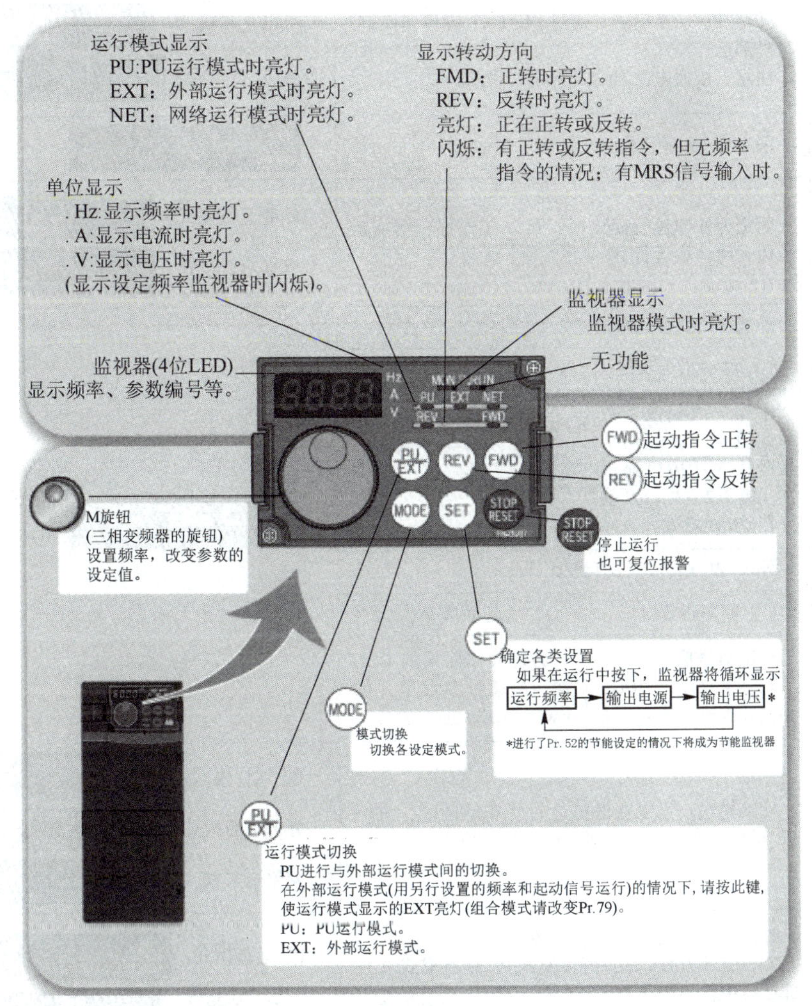

图 1－37　FR－A700 系列变频器的操作面板

2）变频器的运行模式

如图 1－37 所示，变频器在不同的运行模式下，各种按键、M 旋钮的功能各异。所谓运行模式是指对输入到变频器的起动指令和设定频率的命令来源的指定。

一般来说，使用控制电路端子、在外部设置电位器和开关来进行操作的是“外部运行模式”，使用操作面板或参数单元输入起动指令、设定频率的是“PU 运行模式”，通过 PU

接口进行 RS－485 通信或使用通信选件（如 FR－A7NC CC－LINK 通信模块）的是“网络运行模式（NET 运行模式）”。在进行变频器操作之前，操作者必须了解其各种运行模式，才能进行各项操作。

FR－A700 系列变频器通过参数 Pr. 79 的值来指定变频器的运行模式，设定值范围为 0，1，2，3，4，6，7。这 7 种运行模式的内容以及相关 LED 指示灯的状态如表 1－9 所示。

表 1－9　运行模式的内容以及相关 LED 显示状态

<table>
<tr><th>设定值</th><th colspan="2">内　容</th><th>LED 显示状态
（▬：灭灯；▭：亮灯）</th></tr>
<tr><td>0</td><td colspan="2">外部/PU 切换模式，通过 PU/EXT 键可切换 PU 与外部运行模式。
注意：接通电源时为外部运行模式</td><td>外部运行模式：EXT
PU 运行模式：PU</td></tr>
<tr><td>1</td><td colspan="2">固定为 PU 运行模式</td><td>PU</td></tr>
<tr><td>2</td><td colspan="2">固定为外部运行模式时，可以在外部、网络运行模式间切换运行</td><td>外部运行模式：EXT
网络运行模式：NET</td></tr>
<tr><td rowspan="3">3</td><td colspan="2">外部/PU 组合运行模式 1</td><td rowspan="6">PU　EXT</td></tr>
<tr><td>频率指令</td><td>起动指令</td></tr>
<tr><td>用操作面板或参数单元设定，或由外部信号输入［多段速设定，端子2—5（AU 信号在 ON 时有效）］</td><td>外部信号输入（端子 STF、STR）</td></tr>
<tr><td rowspan="3">4</td><td colspan="2">外部/PU 组合运行模式 2</td></tr>
<tr><td>频率指令</td><td>起动指令</td></tr>
<tr><td>外部信号输入（端子 2，4，JOG，多段速度选择等）</td><td>通过操作面板的 RUN 键，或通过参数单元的 FWD、REV 键来输入</td></tr>
<tr><td>6</td><td colspan="2">切换模式：可以在保持运行状态的同时，进行 PU 运行、外部运行、网络运行的切换</td><td>PU 运行模式：PU
外部运行模式：EXT
网络运行模式：NET</td></tr>
<tr><td>7</td><td colspan="2">外部运行模式（PU 运行互锁）：
X12 信号为 ON 时，可切换到 PU 运行模式（外部运行中输出停止）；
X12 信号为 OFF 时，禁止切换到 PU 运行模式</td><td>PU 运行模式：PU
外部运行模式：EXT</td></tr>
</table>

变频器出厂时，参数 Pr. 79 设定值为 0。当停止运行时，用户可以根据实际需要修改其设定值。

修改 Pr. 79 设定值的方法：按 MODE 键使变频器进入参数设定模式；旋动 M 旋钮，选择参数 Pr. 79，用 SET 键确定；然后再旋动 M 旋钮选择合适的参数值，用 SET 键确定；按两次 MODE 键后，变频器的运行模式将变更为设定的模式。

图 1－38 所示为变频器的运行模式变更示例。该示例把变频器从固定外部运行模式变更为组合运行模式 1。

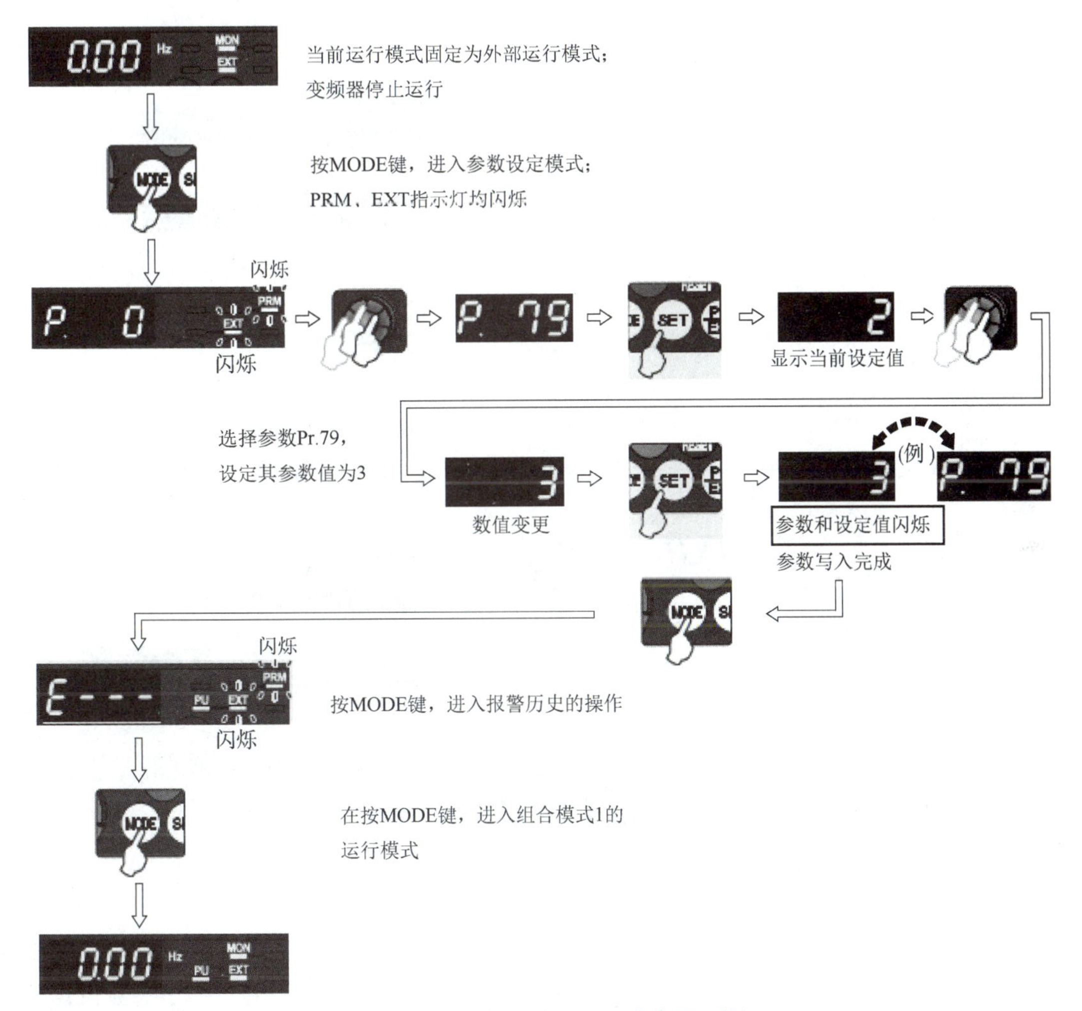

图 1－38　变频器的运行模式变更示例

3）参数的设定

变频器参数的出厂设定值被设置为完成简单的变速运行。如需按照负载和操作要求设定参数，则应进入参数设定模式，先选定参数号，然后设置其参数值。设定参数分两种情况：一种是在停机 STOP 方式下重新设定参数，这时可设定所有参数；另一种是在运行时设定，这时只允许设定部分参数，但是可以核对所有参数号及其参数。图 1－39 所示为变更参数的设定值示例，所完成的操作是在外部/PU 切换模式（Pr. 79＝0）下把参数 Pr. 1（上限频率）从出厂设定值 120. 0 Hz 变更为 50. 00 Hz。

图 1－39 所示的参数设定过程，需要先将变频器运行模式切换为 PU 模式，再进入参数设定模式，与图 1－38 所示的方法有所不同。实际上，在任一运行模式下，按 MODE 键都可以进入参数设定模式，如图 1－38 所示，但只能设定部分参数。

操　作

1. 电源接通时显示的监视器画面

2. 按 PU/EXT 键，进入PU运行模式

3. 按 MODE 键，进入参数设定模式

4. 旋转 ，将参数编号设定为 P. 1（Pr.1）

5. 按 SET 键，读取当前的设定值。显示"120.0"（120.0Hz）（初始值）

6. 旋转 将值设定为"50.00"（50.00Hz）

7. 按 SET 键，完成设定

显　示

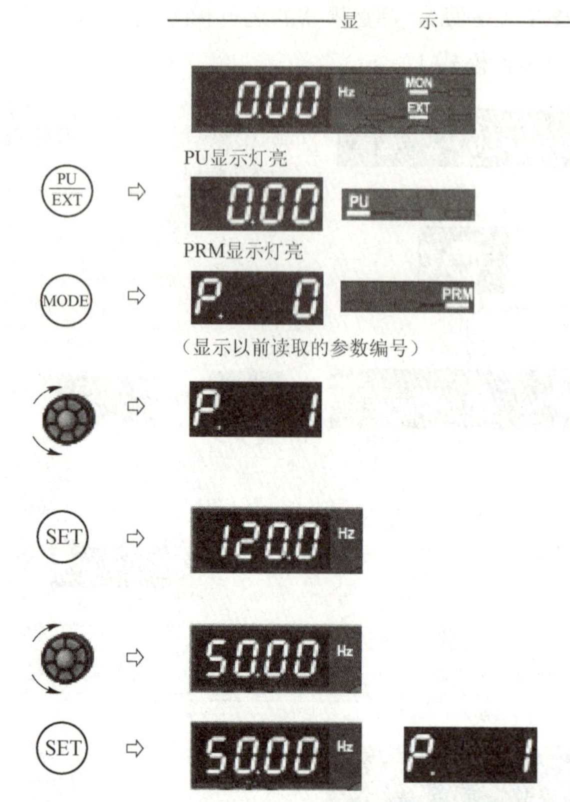

图 1－39　变更参数的设定值示例

2. 常用参数设置训练

FR－A700 系列变频器有几百个参数，实际使用时，我们只需根据使用现场的要求设定部分参数，其余参数按出厂设定即可。一些常用参数是我们应该熟悉的。关于参数设定更详细的说明请参阅 FR－A700 系列变频器使用手册。

下面根据分拣单元工艺过程对变频器的要求，介绍一些常用参数的设定方法。

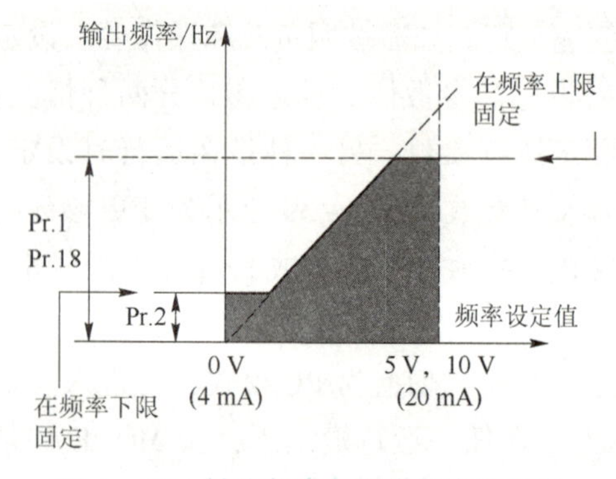

图 1－40　输出频率与设定频率的关系

1）输出频率（Pr. 1，Pr. 2，Pr. 18）

为了限制电动机的速度，应对变频器的输出频率加以限制。设定 Pr. 1（上限频率）和 Pr. 2（下限频率）时，可限制输出频率。

当运行频率在 120.0 Hz 以上时，用参数 Pr. 18（高速上限频率）设定高速输出频率的上限。

Pr. 1 与 Pr. 2 出厂设定范围为 0.000～120.0 Hz，出厂设定值分别为 120.0 Hz 和 0.000 Hz。Pr. 18 出厂设定范围为 120.0～400.0 Hz。输出频率与设定频率的关系如图 1－40 所示。

2）加减速时间（Pr. 7，Pr. 8，Pr. 20，Pr. 21）

加减速时间相关参数的意义及设定范围如表 1 – 10 所示。

表 1 – 10 加减速时间相关参数的意义及设定范围

参数编号	参数意义	出厂设定	设定范围	备注
Pr. 7	加速时间	5 s	0 ~ 3 600/360 s	根据 Pr. 21 加减速时间单位的设定值进行设定。初始值的设定范围为“0 ~ 3 600 s”，设定单位为“0. 1 s”
Pr. 8	减速时间	5 s	0 ~ 3 600/360 s	
Pr. 20	加/减速基准频率	50 Hz	1 ~ 400 Hz	
Pr. 21	加/减速时间单位	0	0/1	0：0 ~ 3 600 s；单位：0. 1 s 1：0 ~ 360 s；单位：0. 01 s

设定说明：

（1）Pr. 20 为加/减速的基准频率，我国此基准频率为 50 Hz。

（2）Pr. 7 为加速时间，用于设定从停止到 Pr. 20 加/减速基准频率的加速时间。

（3）Pr. 8 为减速时间，用于设定从 Pr. 20 加/减速基准频率到停止的减速时间。

3）多段速运行模式

在外部操作模式或组合操作模式 2 下，变频器可以通过外接的开关器件组合的通断改变输入端子的状态来实现多段速运行模式。这种控制频率的方式称为多段速控制功能。

FR – A740 变频器的速度控制端子是 RH，RM 和 RL。通过这些开关的组合可以实现 3 段、7 段的控制。

转速的切换：由于转速的挡是按二进制的顺序排列的，故可以将三个输入端组合成 3 ~ 7 挡（0 状态不计）转速。其中，3 段速由 RH，RM，RL 单个通断来实现；7 段速由 RH，RM，RL 通断的组合来实现。

7 段速的各自运行频率则由参数 Pr. 4 ~ Pr. 6（设置前 3 段速的频率）、Pr. 24 ~ Pr. 27（设置第 4 段速至第 7 段速的频率）进行设定。多段速控制对应的控制端状态及参数关系如图 1 – 41 所示。

参数编号	出厂设定	设定范围	备注
Pr. 4	50 Hz	0~400 Hz	
Pr. 5	30 Hz	0~400 Hz	
Pr. 6	10 Hz	0~400 Hz	
Pr. 24~Pr. 27	9999	0~400 Hz, 9999	9999:未选择

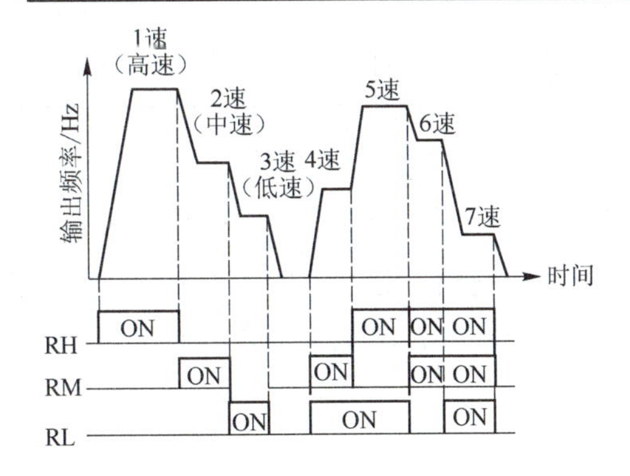

1速：RH单独接通，Pr.4设定频率

2速：RM单独接通，Pr.5设定频率

3速：RL单独接通，Pr.6设定频率

4速：RM, RL同时接通，Pr.24设定频率

5速：RH, RL 同时接通，Pr.25设定频率

6速：RH, RM同时接通，Pr.26设定频率

7速：RH, RM, RL全接通，Pr.27设定频率

图 1 – 41 多段速控制对应的控制端状态及参数关系

多段速控制参数在PU运行模式和外部运行模式中都可以被设定。运行期间参数值也能被改变。

3段速设定的场合（Pr. 24 ~ Pr. 27 被设定为9999），2段速以上同时被选择时，低速信号的设定频率优先。

最后指出，如果把参数Pr. 183设置为8，将RMS端子的功能转换成多段速控制端REX，就可以用RH，RM，RL和REX通断的组合来实现15段速。详细的说明请参阅FR－A700系列变频器使用手册。

三、注意事项

（1）根据实际情况了解变频器的基本结构及预置的基本方法。

（2）观察变频器的结构时，切勿用手触摸电路板，以免损坏芯片。

（3）预置完成后，可通电进行试验，但必须在指导教师的监护下进行，以免损坏变频器，确保用电安全。

四、任务内容和评分标准

任务内容和评分标准如表1－11所示。

表1－11　任务内容和评分标准

序号	任务内容	评分标准		配分	扣分	得分	备注
1	变频器面板操作和参数设置	（1）常用参数设置分析不正确，每处扣5分 （2）面板操作不熟悉，每处扣5分		40			
2	外围接线	（1）接线不正确，每处扣5分 （2）不符合电气接线工艺每处扣5分		20			
3	多段速参数设置训练	（1）7段速参数设置错误，每处扣5分 （2）加减速参数设置错误，每处扣5分		30			
4	安全、文明生产	每违反一项扣5分		10			
5	工时	4 h					
6	备注		合计				
			教师签字	年　月　日			

【任务总结】

变频器参数设置和外围接线是学习使用变频器的基础，通过多段速控制电动机典型任务的实施，使学生熟练掌握通过面板设置参数的流程和方法，使学有余力的学生在此基础上可以根据自身情况熟悉其他参数的设置。

任务4　PLC实现变频器调速应用实例

【任务目标】

用PLC、变频器设计一个电动机的3段速运行的控制系统，其控制要求如下：按下起动按钮，电动机起动并运行在第一段，频率为30 Hz，延时6 s后电动机运行在第二段，频率为40 Hz，再延时10 s后电动机运行在第三段，频率为50 Hz，10 s后停止运行。运行中若按下停止按钮，则电动机立即停止。

【任务分析】

本任务对电动机进行速度控制，要求实现电动机3段速运行。电动机三种转速按顺序执行，运行时按停止按钮随时停机，属顺序控制。电动机转速可用PLC控制变频器来实现。三种转速可用变频器多段速参数Pr. 4，Pr. 5，Pr. 6来预置，由PLC分别给RH，RM，RL端子开关信号选择速度。

【知识准备】

一、变频器的7段调速

变频器的7段速度与速度参数及RH，RM，RL组合的关系如表1－12所示。

表1－12　变频器的7段速度与速度参数及RH，RM，RL组合的关系

速度	参数	速度端子状态		
		RH	RM	RL
速度1	Pr. 4	1	0	0
速度2	Pr. 5	0	1	0
速度3	Pr. 6	0	0	1
速度4	Pr. 24	0	1	1
速度5	Pr. 25	1	0	1
速度6	Pr. 26	1	1	0
速度7	Pr. 27	1	1	1
注：“1”表示外接开关接通；“0”表示外接开关断开。				

二、用PLC控制变频器实现调速的方法

用变频器进行调速，可将变频器的调速参数预先进行内部设定，再用变频器的调速输入端子进行选择切换。用PLC进行控制时，PLC的输出端子控制变频器的RH，RM，RL调速

输入端子，通过运行 PLC 程序实现控制。

【任务实施】

一、工具、仪表及电气元件

(1) 工具：测试笔、螺钉旋具、斜口钳、尖嘴钳、剥线钳、电工刀等。

(2) 仪表：MF47 型万用表、5050 型兆欧表。

(3) 电气元件。

变频器多段调速的 PLC 控制电气元件如表 1－13 所示。

表 1－13　变频器多段调速的 PLC 控制电气元件

序号	符号	电气元件名称	型号、规格、参数	单位	数量	备注
1	PLC	可编程控制器	FX2N－48MR	台	1	—
2	FR－A740	变频器	三菱 FR－E740－0.75k	台	1	—
3	M	交流电动机	YS6312 380V	台	1	—
4	QF	空气断路器	NB7－32A/3P	个	1	—
5	SB_1	按钮开关	LA2－3H	个	1	动合
6	SB_2	按钮开关	LA2－3H	个	1	动断
7		计算机	装有 FXGP－Win－C 或 GX Developer 软件	台	1	—
8		电工常用工具		套	1	—
9		连接导线		条	若干	—

二、训练步骤

1. 确定 PLC 的 I/O 分配表

根据系统的控制要求、设计思路和变频器的设定参数，变频器 3 段调速的 PLC 控制项目 I/O 分配如表 1－14 所示。

表 1－14　变频器 3 段调速的 PLC 控制项目 I/O 分配

输入端（I）		输出端（O）	
外接元件	输入端子	外接元件	输出端子
起动按钮 SB_1	X0	变频器 STF 端子	Y0
停止按钮 SB_2	X1	变频器 RH 端子	Y1
		变频器 RM 端子	Y2
		变频器 RL 端子	Y3

2. 画出 PLC 的 I/O 接线图

变频器多段调速的 PLC 控制项目电气接线原理如图 1－42 所示。

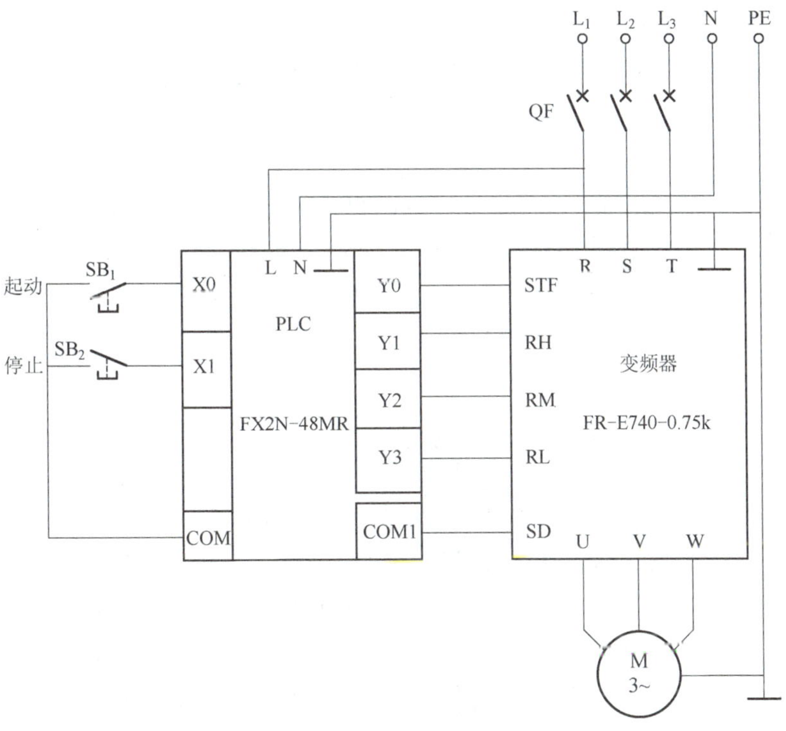

图 1－42　变频器多段调速的 PLC 控制项目电气接线原理

3. 按 I/O 接线图完成接线

（1）连接 PLC 的输入端外接元件。

（2）连接 PLC 的输出端外接元件。

（3）连接 PLC 和变频器的电源（注意不要带电作业）。

（4）连接电动机。

（5）连接 PLC、变频器、电动机的接地线。

变频器 R，S，T 为三相电源进线，U，V，W 接电动机，注意不能接反。

变频器多段调速的 PLC 控制项目实物模拟接线如图 1－43 所示。

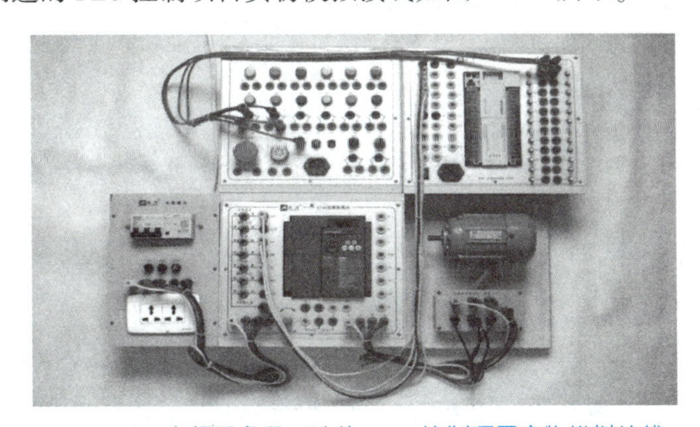

图 1－43　变频器多段调速的 PLC 控制项目实物模拟接线

4. 程序编写

根据系统的要求，该控制是一个典型的顺序控制，所以，首选顺序功能图来设计系统的程序，其顺序功能如图 1 – 44 所示，其梯形图程序如图 1 – 45 所示，指令程序如图 1 – 46 所示。

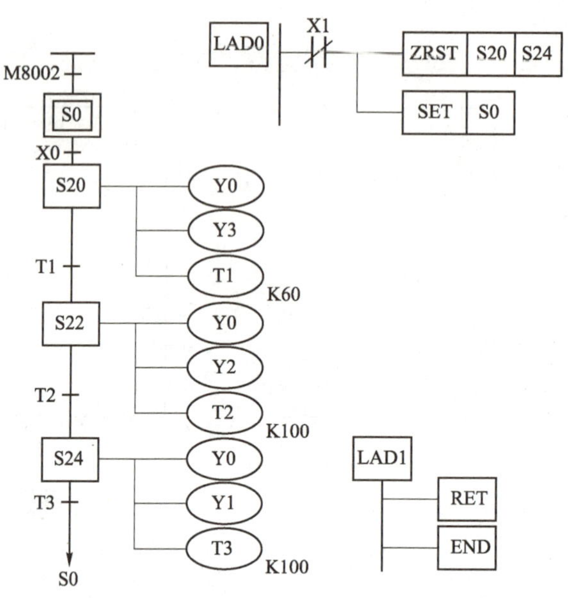

图 1 – 44　变频器多段调速的 PLC 控制项目顺序功能

5. 程序调试

1）设置变频器参数

（1）上限频率 Pr. 1 = 60 Hz。

（2）下限频率 Pr. 2 = 00 Hz。

（3）基准频率 Pr. 3 = 50 Hz。

（4）加速时间 Pr. 7 = 2 s。

（5）减速时间 Pr. 8 = 2 s。

（6）电子过电流保护 Pr. 9 = 电动机额定电流。

（7）操作模式选择 Pr. 79 = 3 Hz。

（8）多段速度设定 Pr. 4 = 50 Hz。

（9）多段速度设定 Pr. 5 = 40 Hz。

（10）多段速度设定 Pr. 6 = 30 Hz。

2）调试

输入程序并传送到 PLC，然后运行调试，查看是否符合要求；若不符合要求，则检查接线、变频器参数及 PLC 程序，直至符合要求。

（1）按下起动按钮 SB_1，电动机先以 30 Hz 的速度运行 6 s，后以 40 Hz 的速度运行10 s，再以 60 Hz 的速度运行 10 s，然后停止运行。电动机运行时观察变频器显示的频率是否正确。

（2）按下停止按钮 SB_2，电动机随时停止。再按下起动按钮 SB_1，电动机又重新起动运行。

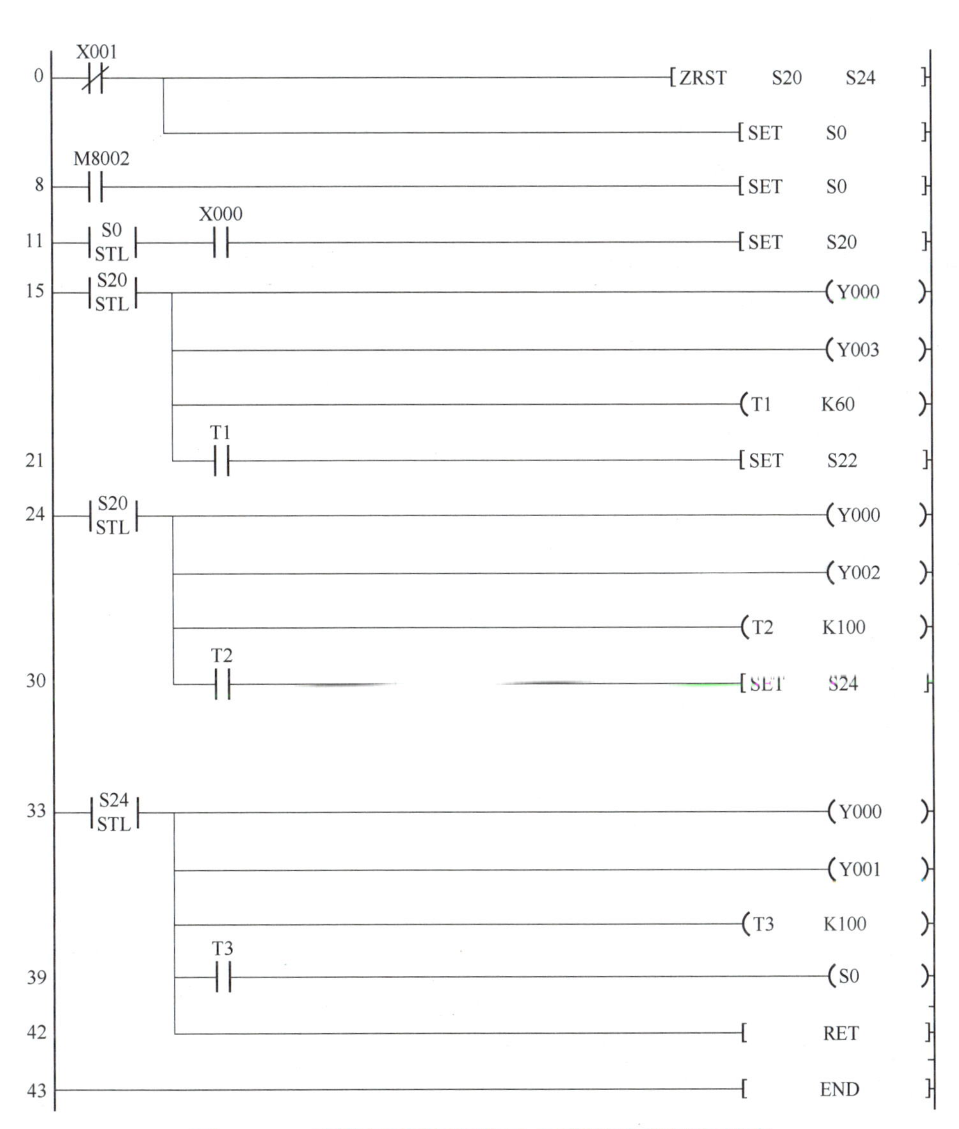

图 1－45　变频器多段调速的 PLC 控制项目梯形图程序

0	LDI	X001		25	OUT	Y000	
1	ZRST	S20	S24	26	OUT	Y002	
6	SET	S0		27	OUT	T2	K100
8	LD	M8002		30	LD	T2	
9	SET	S0		31	SET	S24	
11	STL	S0		33	STL	S24	
12	LD	X000		34	OUT	Y000	
13	SET	S20		35	OUT	Y001	
15	STL	S20		36	OUT	T3	K100
16	OUT	Y000		39	LD	T3	
17	OUT	Y003		40	OUT	S0	
18	OUT	T1	K60	42	RET		
21	LD	T1		43	END		
22	SET	S22					
24	STL	S22					

图 1－46　变频器多段调速的 PLC 控制项目指令程序

三、注意事项

由于本任务涉及 PLC、变频器、电动机，为了保护好设备，也可按下面方法调试：

（1）模拟调试程序。暂时断开变频器电源，观察 PLC 的输出指示灯是否按要求指示。如果没有按照要求指示，则检查并修改程序，直至指示正确。

（2）空载调试。接变频器，不接电动机，进行 PLC 与变频器的空载调试，通过变频器的操作面板观察变频器输出是否正确。如果不正确，则检查项目接线、变频器参数、PLC 程序，直至变频器按要求运行。

（3）系统调试。将变频器、电动机都接入电路中，观察电动机是否按要求运行。如果未按要求进行，则检查接线、变频器参数、PLC 程序，直至电动机按要求运行。

四、任务评价

变频器多段速试验评价细则如表 1－15 所示。

表 1－15　变频器多段速试验评价细则

序号	项目内容	评分标准	配分	扣分	得分	备注
1	元器件检查、校验和安装	（1）元器件检查校验不正确，每处扣 5 分 （2）元器件安装不正确，每处扣 5 分	30			
2	外围接线	（1）接线不正确，每处扣 5 分 （2）不符合电气接线工艺每处扣 5 分	20			
3	多段速参数设置训练	（1）7 段速参数设置错误，每处扣 5 分 （2）加减速参数设置错误，每处扣 5 分	30			
4	程序下载和调试	（1）程序编写错误，每处扣 5 分 （2）程序调试错误，每处扣 5 分	10			
5	安全、文明生产	每违反一项扣 5 分	10			
6	工时	4 h				
7	备注	合计				
		教师签字	年　月　日			

【任务总结】

通过本任务的学习，熟悉了 PLC 和变频器综合控制的一般方法。

项目评价

项目一评价细则如表 1－16 所示。

表 1-16　项目一评价细则

班级			姓名		同组姓名		
开始时间			结束时间				
序号	考核项目	考核要求	分值	评分标准	自评	互评	师评
1	学习准备（15 分）	资料准备	5	参与资料收集、整理，自主学习			
		计划制订	5	能初步制订计划			
		小组分工	5	分工合理，协调有序			
2	学习过程（50 分）	检测元器件	5	正确得分，否则酌情扣分			
		安装元器件	5	正确得分，否则酌情扣分			
		布线工艺	10	正确得分，否则酌情扣分			
		自检过程	5	符合要求得分，否则扣分			
		调试过程	10	完成功能要求得分，否则扣分			
		排故过程	5	排除故障得分，否则扣分			
		操作熟练程度	10	操作熟练得分，否则酌情扣分			
3	学习拓展（15 分）	知识迁移	5	能实现前后知识的迁移			
		应变能力	5	能举一反三，提出改进建议或方案			
		创新程度	5	有创新性建议提出			
4	学习态度（20 分）	主动程度	5	自主学习，主动性强			
		合作意识	5	协作学习，能与同伴团结合作			
		严谨细致	5	认真仔细，不出差错			
		问题研究	5	能在实践中发现问题，并用理论知识解释实践中的问题			
教师签字				总分			

项目作业

一、填空题

1. 三相交流异步电动机由（　　　　　）和（　　　　　）两大部分组成。
2. 三相交流异步电动机直接起动时的起动电流一般为额定电流的（　　　　）倍，它会造成电源输出电压的（　　　　）。

二、选择题

1. 速度继电器的作用是（　　）。

A. 限制运行速度　　　　B. 速度计量

C. 反接制动　　　　D. 控制电动机运转方向

2. 若车床电路中无制动电路，机床靠（　　）进行制动。

A. 电磁铁　　B. 机械制动　　C. 摩擦制动　　D. 电磁抱闸

3. 同一电源中，三相对称负载用△连接法时，消耗的功率是 Y 连接法的（　　）。

A. 1 倍　　B. 2 倍　　C. 3 倍　　D. $\sqrt{3}$倍

4. 三相交流异步电动机负载不变而电源电压降低时，其定子电流将（　　）。

A. 升高　　B. 降低　　C. 不变　　D. 不一定

5. 三相笼型交流异步电动机起动电流大的原因是（　　）。

A. 电压高　　B. 电流大　　C. 负载重　　D. 转差大

三、判断题

1. 交流电动机的基本工作原理是电磁感应原理。（　　）
2. 变极调速只适用于笼型交流异步电动机。（　　）
3. 转子回路串电阻的调速方法由于能量损耗小而得到广泛应用。（　　）

四、简答题

简述三相交流异步电动机的工作原理。

项目二　直流电动机的调速技术

直流电机是直流发电机和直流电动机的总称。直流电机是可逆的，即一台直流电机既可作为发电机运行，又可作为电动机运行。当用作发电机时，其将机械能转换为电能；当用作电动机时，其将电能转换为机械能。直流发电机和直流电动机在结构上没有差别。

和交流电动机相比，直流电动机具有良好的起动性能和调速性能，因此被广泛应用于对调速性能要求较高的场合，如大型可逆式轧钢机、矿井卷扬机、高速电梯、龙门刨床、电力机车、内燃机车、城市电车、地铁列车、电动自行车、造纸和印刷机械、船舶机械、大型精密机床及大型起重机等生产机械中。

项目需求

了解直流电动机的基本结构和工作原理，熟悉直流电动机常用的调速技术，能根据图纸要求安装并实现直流调速控制，熟悉晶闸管—直流电动机调速系统控制电路、触发电路、主电路和励磁电路的工作原理，掌握本系统最高转速、额定转速和最低转速的操作方法，掌握本系统常见故障的分析及检修方法。

项目工作场景

在我国许多工业部门，如轧钢、矿山采掘、海洋钻探、金属加工、纺织、造纸以及高层建筑等需要高性能可控电力拖动场合，仍然广泛采用直流调速系统。然而由于直流电动机需要设置机械换向器和电刷，因此直流调速存在结构性缺陷：机械换向器结构复杂，成本增加，同时机械强度低，电刷容易磨损，需要经常维护，影响运行的可靠性。由于运行中电刷易产生火花，限制了使用场合，不能用于化工、矿山、炼油厂等有粉尘腐蚀、易燃易爆物质或气体的恶劣环境。由于存在换向问题，难以制造大容量高转速及高电压直流电动机，其最大容量为400～500 kW，低速直流电动机也只能到几千千瓦，所以远远不能适应现代工业生产向高速大容量化发展的需要。但是直流调速系统在理论和实践上都比较成熟，从控制技术角度来看，它又是交流调速系统的基础。因此加强对直流调速系统的发展有利于更进一步发展交流调速系统，促进调速系统的进一步完善。

方案设计

任务1　直流电动机及其调速技术

（1）直流电动机的结构与工作原理

（2）直流电动机的调速方法（调压调速、励磁电流调速、串电阻调速）

任务 2　晶闸管直流调速系统

晶闸管—直流电动机调速的工作原理、主电路接线、调速操作及简单故障诊断、检修。

相关知识和技能

直流电动机分为有换向器和无换向器两大类。直流电动机调速系统最早采用恒定直流电压给直流电动机供电，通过改变转子回路中的电阻来实现调速。这种方法的优点是简单易行、设备制造方便、价格低廉；缺点是效率低、机械特性软，不能得到较宽和平滑的调速性能。该方法只适用于一些小功率且调速范围要求不变的场合。

20 世纪 30 年代末，发电机—电动机流速系统的出现使调速性能优异的直流电动机得到了广泛应用。这种调速系统可获得较宽的调速范围、较小的转速变化率和平滑的调速性能；但此方法的主要缺点是系统重量大、占地多、效率低且维修困难。

近年来，随着电力电子技术的迅速发展，由晶闸管变流器供电的直流电动机调速系统已取代了发电机—电动机调速系统，它的调速性能也远远地超过了发电机—电动机调速系统。特别是大规模集成电路技术以及计算机技术的飞速发展，使直流电动机调速系统的精度、动态性能、可靠性有了更大的提高。电力电子技术中绝缘栅双极型晶体管（Insulated Gate Bipolar Transistor，IGBT）等大功率器件的发展正在取代晶闸管，出现了性能更好的直流调速系统。

任务 1　直流电动机及其调速技术

【任务目标】

通过本任务的学习，帮助学生了解直流电动机的结构，掌握直流电动机的工作原理，熟悉直流电动机的三种调速原理和方法。

【任务分析】

先学习直流电动机的结构、工作原理以及调速方法，在此基础上通过直流电动机的拆装实践进一步加深对直流调速技术的理解。

【知识准备】

一、直流电动机的结构与工作原理

直流电机是直流电动机和直流发电机的总称，是一种实现机电能量变换的电磁装置，将输入的直流电能转化为机械能输出的直流电机称为直流电动机，将输入的机械能转换为直流电能输出的直流电机称为直流发电机。虽然直流电动机的结构比较复杂，使用和维护较麻

烦，但由于它有优良的起动和调速性能，所以在冶金、电力机车、金属切削、造纸等工业生产中仍有着广泛的应用。

1. 直流电动机的结构

直流电动机由定子和转子（电枢）两大部分组成。定子、转子之间有一定的间隙，称为气隙。电磁式直流电动机的结构如图 2－1 所示。

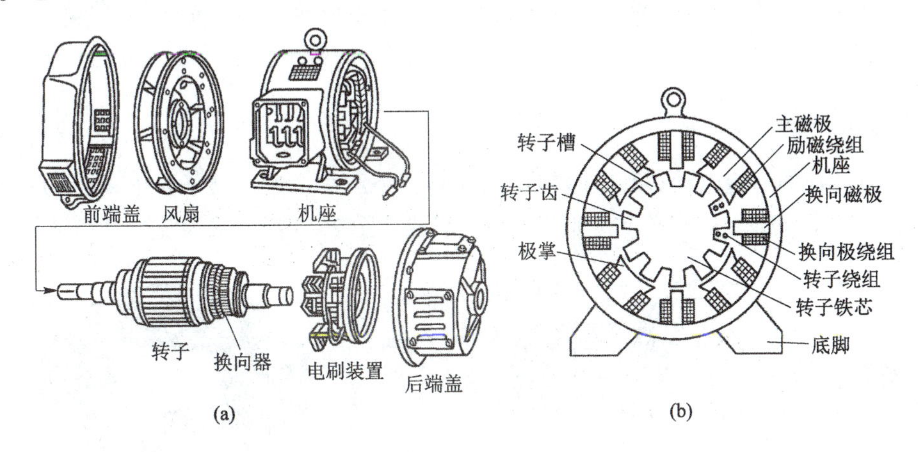

图 2－1　电磁式直流电动机的结构

（a）立体图；（b）剖面图

1）定子

定子的主要作用是产生主磁场并做电动机的机械支撑，它由主磁极、换向磁极、电刷装置、机座、端盖等组成，如图 2－2 所示。

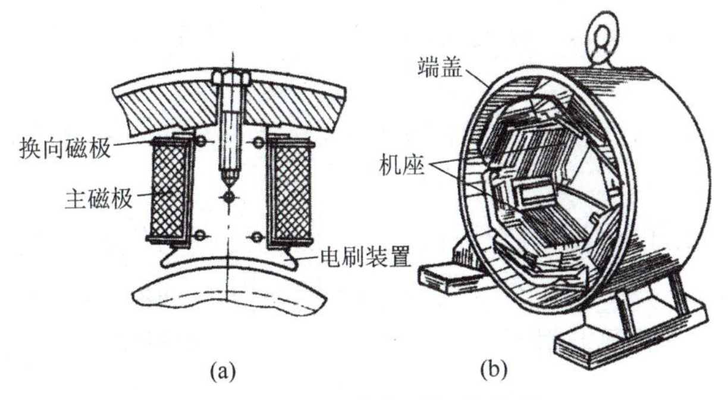

图 2－2　直流电动机的定子

（1）主磁极：主磁极是一种电磁铁，它是由主磁极铁芯和套在铁芯上的主磁极绕组（励磁绕组）组成的。用螺钉将整个主磁极固定在机座上，产生一个恒定的主磁场。它总是成对存在，相邻磁极的极性按 N 极和 S 极交替排列。励磁绕组的两个出线端被引到接线盒上，以便外接直流励磁电源的正负极。改变励磁电流的方向，就能改变主磁场的方向。

（2）换向磁极：换向磁极被装在两个主磁极之间，也是由铁芯和绕组组成的。它的作用是产生一个附加磁势，抵消交轴电枢反应①磁势，并在换向区域内建立一个磁场，使换向

① 电枢反应是专有名词，电枢不再作为专业术语单独使用，此处不使用转子作为专业术语。

元件产生一个附加电势去抵消电抗电势，从而可以避免转子换向过程中电刷出现火花，起到保护电动机的作用。

（3）电刷装置：电刷装置是把直流电压、直流电流引入或引出的部件。电刷被放在刷握内，并用弹簧紧压在换向器上，使电刷与换向片紧密接触。电刷上有软导线被接到固定接线盒内，作为转子绕组的接线端子，以便与直流电源相连。

（4）机座：机座的作用有两个：一个是用来固定主磁极、换向磁极和端盖，并借助底脚将电动机固定在机座上；另一个是作为电动机磁路的一部分。机座由导磁性能较好的材料制成。

2）转子

机电能量转换的感应电动势和电磁转矩都在转子绕组中产生。转子是电动机的重要部件，由转子铁芯、转子绕组、换向器、转轴、风扇等组成。图 2－3 所示为直流电动机的转子。

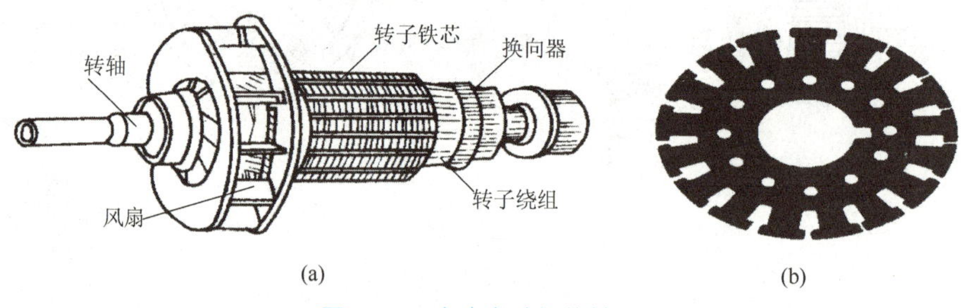

图 2－3　直流电动机的转子

（a）转子主体；（b）转子钢片

（1）转子铁芯：转子铁芯是磁路的一部分，用来嵌放转子绕组。当转子在主磁场中旋转时，转子铁芯中的磁通方向是不断变化的，为了减小涡流及磁滞损耗，转子铁芯采用涂绝缘漆的硅钢片冲片叠压而成。

（2）转子绕组：转子绕组的作用是产生感应电动势及通过电流，使电动机实现机电能量的转换。

（3）换向器：换向器的作用是将转子绕组中的交流电动势和电流转换成电刷间的直流电动势和电流。它由许多上宽下窄的冷拉梯形铜排叠成圆筒形，片间用云母绝缘，用钢质套筒或塑料紧固。小型电动机多采用塑料换向器，大中型电动机常采用套筒式的拱形换向器。

2. 直流电动机的工作原理和电磁转矩

（1）直流电动机的工作原理。图 2－4 所示为直流电动机的工作原理，在电刷两端加上直流电压，线圈 *abcd* 内便有电流通过，通电导体 *ab* 和 *cd* 在主磁极磁场内受到电磁力的作用（左手定则判断受力方向）产生电磁转矩，若电磁转矩能克服转子轴上的制动转矩，电动机将旋转起来。由于换向器的作用，N 极下导体电流方向和 S 极下导体电流方向不变，所以它们产生的电磁转矩方向也就不变，转子沿着逆时针方向持续转动。

电动机转动以后，转子绕组又切割主磁场而产生感应电动势，其方向可由右手定则判定，正好与通入的电流方向相反，因此，称其产生的感应电动势为反电动势。输入的直流电能必须克服电动机内反电动势的作用，才能产生电磁转矩，使电动机正常工作，从而实现将电源的电功率转换为电动机的机械功率。

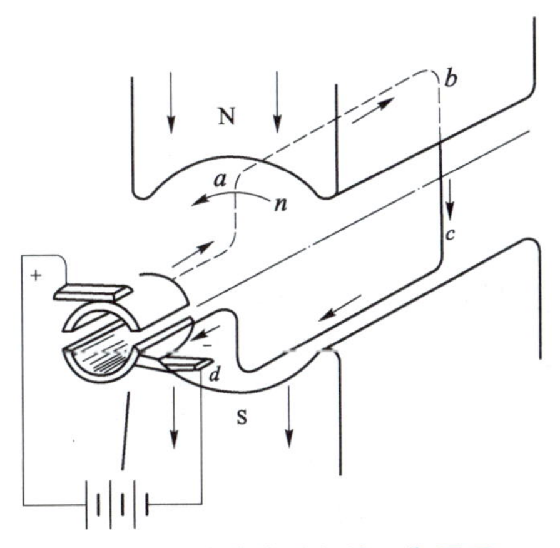

图 2－4　直流电动机的工作原理

(2) 电磁转矩

转子绕组受到电磁力作用时，将产生电磁转矩 T，该电磁转矩为：

$$T=\frac{pN}{2\pi a}\Phi I_{a}=C_{T}\Phi I_{a}\ (\mathrm{N\cdot m}) \tag{2-1}$$

式中　C_T——转矩常数，与电机构造有关，$C_T=pN/2\pi a$；

p——磁极对数；

N——转子绕组总的有效导体根数；

a——转子绕组并联支路对数；

Φ——每极磁通，单位：Wb；

I_a——转子电流，单位：A。

电磁转矩对电动机来说是驱动转矩，由电源供给电动机的电能转换而来，能够拖动负载运动；其对发电机来说是制动转矩，发电机必须克服电磁转矩才能使转子转动而发出电能。

(3) 转子电动势

当直流电动机旋转时，转子绕组中存在感应电动势 E_a，其大小与电动机的转速和磁通成正比，即：

$$E_{a}=\frac{pN}{60a}\Phi n=C_{e}\Phi n\ (\mathrm{V}) \tag{2-2}$$

式中　C_e——电动势常数，与电机结构有关，$C_e=pN/60a$；

n——电动机转速，单位：r/min。

转子电动势在电动机中是反电动势，而在直流发电机中则是电源电动势。式 (2－1)、式 (2－2) 是分析直流电动机工作原理的两个基本公式。

3. 直流电动机的分类

根据主磁极励磁绕组与转子电路之间连接方式的不同，直流电动机可分为他励电动机、并励电动机、串励电动机、复励电动机 4 种，如图 2－5 所示。

(1) 他励电动机。励磁绕组与转子绕组分别由独立的直流电源供电，如图 2－5 (a) 所示。

(2) 并励电动机。励磁绕组与转子绕组并联，由同一直流电源供电，如图 2－5（b）所示。

(3) 串励电动机。励磁绕组与转了绕组串联，励磁电流等于转子电流，如图 2－5（c）所示。

(4) 复励电动机。励磁绕组分成两部分，一部分与转子并联，另一部分与转子串联，如图 2－5（d）所示。通常采用的是积复励电动机，其两个励磁绕组产生的磁通方向一致。

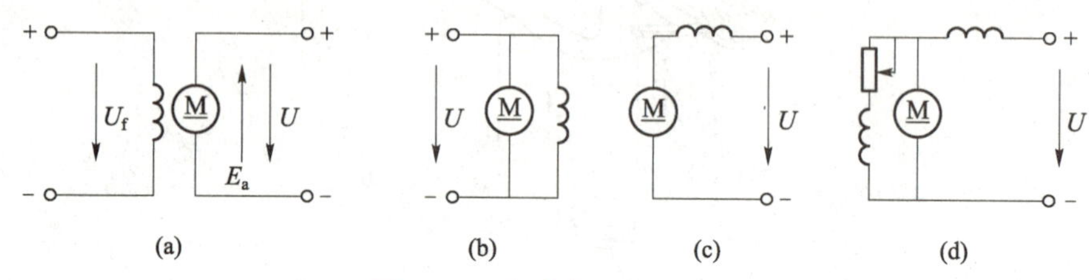

图 2－5　直流电动机的分类

(a) 他励电动机；(b) 并励电动机；(c) 串励电动机；(d) 复励电动机

小提醒

复励电动机有并励和串励两个励磁绕组。若串励绕组产生的磁通与并励绕组产生的磁通方向相同，则称为积复励。若两个磁通方向相反，则称为差复励。

二、直流电动机的调速方法

调速是为了满足工作机械对不同转速的需要而人为地对电动机转速进行控制。根据直流电动机转速公式：

$$n = \frac{U}{C_E\phi} - \frac{R_a + R_{pa}}{C_e C_T \phi^2}T \tag{2-3}$$

可知，在一定负载下，改变转子电路的电阻、磁通、转子电压三者中的任一参数，都能使电动机的转速发生变化。

1. 调速指标

1）调速范围

调速范围指工作机械的最高转速n_{max}与最低转速n_{min}之比，用系数 D 表示：

$$D = \frac{n_{max}}{n_{min}} \tag{2-4}$$

不同的生产机械对调速范围的要求也不同，如车床 $D = 20 \sim 100$，龙门刨床 $D = 10 \sim 40$ 等。这里的 D 指总调速范围，它由机械和电气配合实现。电动机的最高转速受电动机机械强度、换向方式、工作电压等限制，在额定转速以上进行调速范围不大，而电动机的最低转速又受低速运行的相对稳定性限制，所以，电动机的调速范围应根据生产机械的要求综合考虑。

2）静差率

静差率也称相对稳定性，是指负载转矩变化时，转速变化的程度，用 δ 表示：

$$\delta=\frac{n_0-n}{n_0}=\frac{\Delta n}{n_0} \tag{2-5}$$

转速变化越小，电动机的机械特性越硬，静差率就越小，相对稳定性也就越高。但是静差率与机械特性的硬度又有不同之处，两条互相平行的机械特性硬度是相同的。它们的空载转速不同使静差率不同，理想空载转速越低，静差率就越大。静差率与调速范围也是互相联系的两项指标，由于最低转速取决于低速时的静差率，所以调速范围必然受到低速时静差率的制约，它们两者的关系为：

$$D=\frac{n_{\max}\delta}{\Delta n(1-\delta)} \tag{2-6}$$

不同的生产设备对静差率的要求不相同，一般设备要求 δ 的取值范围为 30% ~50%，高精度的设备要求 $\delta<0.1\%$。如龙门刨床主拖动要求 δ 的取值范围为 5% ~10%、普通车床要求 $\delta\leqslant 30\%$，冷轧机要求 $\delta\leqslant 2\%$。

3）调速的平滑性

在一定的调速范围内调速的级数越多，调速就越平滑，相邻两级转速之比被称为平滑系数 φ。φ 值越接近 1，平滑性越好；$\varphi=1$ 时的调速称为无级调速。

$$\varphi=\frac{n_{\mathrm{i}}}{n_{\mathrm{i}}-1} \tag{2-7}$$

4）调速的经济性

经济性指调速所需的设备投资、调速过程中的能量损耗以及电动机在调速时能否得到充分利用。在选择调速方法时，要考虑既要满足负载的要求，又要使电动机得到充分利用。充分利用的标志就是使工作电流为电动机的额定电流。一般恒转矩负载采用恒转矩调速方式，恒功率负载采用恒功率调速方式，这样配合可使电动机得到充分利用。若将恒转矩调速用于恒功率负载，则必须使允许输出大于或等于最大负载转矩，这就需要电动机的功率增大，显然不合理；同样，若将恒功率调速用于恒转矩负载，为了在最高转速时满足转矩的要求，必须选所有力矩均大于这一转矩的电动机，这也造成了电动机容量的不合理。

2. 转子电路串电阻调速

保持电压 U 和磁通 Φ 均为额定值不变，且负载转矩 T_{L} 一定时，在转子回路中串入调速电阻 R_{pa}，特性曲线的斜率增加，转速降低，从而实现调速目的，如图 2-6 所示。

这种调速方法简单易行，但只能从额定转速向下调。R_{pa} 的串入使机械特性变软，静差率增大，调速的范围 D 一般小于 2，并且调速的平滑性差，能量损耗大，调速效率低。其只能适用于小容量、短时间调速的场合。

调速电阻和起动电阻的作用有相同之处，但是起动电阻是短时工作的，而调速电阻应按长期工作考虑。实际生产中决不能把起动电阻当作调速电阻使用。

3. 弱磁调速

电动机在额定状态下运行时，磁路接近饱和，所以只能从额定磁通向下调。因此，弱磁

调速是在转子电压保持不变的情况下，在励磁回路中串入电阻或降低励磁回路电压，使励磁电流减小，磁通减弱，从而使电动机转速上升的一种调速方式，如图 2-7 所示。

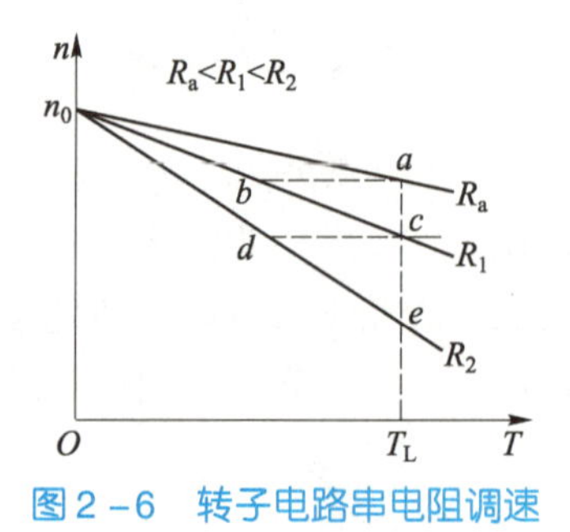

图 2-6 转子电路串电阻调速

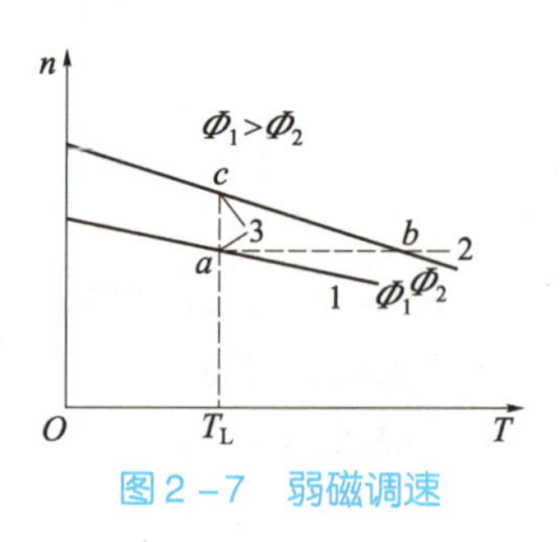

图 2-7 弱磁调速

$$I_a=\frac{U-E_a}{R_a} \tag{2-8}$$

磁通从 Φ_1 减小到 Φ_2 时，电动机的转速还来不及变化，电动机的工作点从 a 点移到 b 点，E_a 减小，使转子电流增加。一般转子电流的增加量大于磁通的减少量，所以电磁转矩在磁通减小的瞬间是增大的，$T>T_L$，电动机沿曲线 2 加速，直到电磁转矩到达 c 点 $T=T_L$。实际上由于励磁回路的电感较大，磁通不可能突变，电磁转矩的变化如图 2-7 中曲线 3 所示。

弱磁调速，是以电动机的额定转速为最低转速的，而最高转速受电动机本身换向条件和机械强度的限制，磁通的减弱使电枢反应的去磁作用增加，并使电动机运行的稳定性受到破坏，电动机火花增大。一般情况下，弱磁调速的调速范围 $D\leqslant 2$。但弱磁调速是在功率较小的励磁电路中进行的，控制方便，能量损耗小，设备简单，调速的平滑性较好。如果调速时负载转矩保持不变，则弱磁升速后，转子电流将大于额定值。为避免这种情况出现，就必须减小负载转矩，所以这种调速只适用于负载转矩与转速成反比的场合，如金属切削机床、轧钢机等。

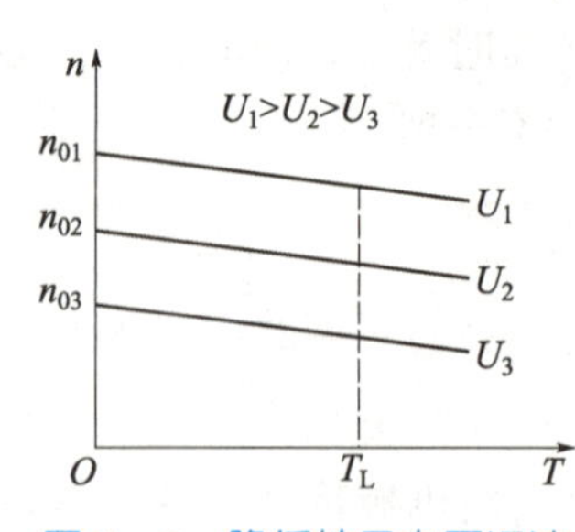

图 2-8 降低转子电压调速

4. 降低转子电压调速

保持磁通不变，降低转子电压使理想空载转速 n_0 降低，转速降 Δn 保持不变，即得到一组与固有机械特性相平行的曲线，如图 2-8 所示。当负载转矩不变时，转子电压的降低使转速下降，实现调速目的。

改变转子电压调速，转速只能在额定转速以下进行调整，它可实现无级调速，调速平滑性好，机械特性硬，调速范围广，D 可达 2.5～12。如果负载转矩不变，转子电流将不变，因此这种调速适合于恒转矩调速，如机床的进给运动或起重设备等。在生产设备中广泛使用的晶闸管直流调速系统采用的就是调整直流电动机转子电压的调速方式。

对于调速范围要求较宽的负载，采用单一调速方法常不能满足要求，此时常把弱磁调速和降低转子电压调速结合起来使用，在额定转速以上采用弱磁调速的方式，在额定转速以下

采用降低转子电压调速的方式。

以上的叙述主要是针对他励和并励电动机而言的，对串励电动机也可采用转子串电阻和降低电压的方法，调速原理与他励电动机基本相同。改变磁通调速在串励电动机中使用较少，若要采用该方法，则可在转子绕组两端或在串励绕组两端并联电阻以达到减小励磁电流的目的。

例 2-1　一台他励电动机，$P_N=10$ kW，$U_N=U_{fN}=220$ V，$I_N=52.6$ A，$n_N=1\ 500$ r/min，$R_a=0.3\ \Omega$，在额定负载下，求：

（1）转子电路串入电阻 $R_{pa}=0.5\ \Omega$ 时，电动机的稳定转速。

（2）电源电压下降 20%，$R_{pa}=0\ \Omega$ 时，电动机的稳定转速。

（3）磁通减弱 10%，$R_{pa}=0\ \Omega$ 时，电动机的稳定转速。

解：（1）
$$C_e\Phi_N=\frac{E}{n_N}=\frac{U_N-I_NR_a}{n_N}=\frac{220-52.6\times0.3}{1\ 500}=0.136$$

$$n=\frac{U_N-I_N(R_a+R_{pa})}{C_e\Phi_N}=\frac{220-52.6\times(0.3+0.5)}{0.136}=1\ 308(\text{r/min})$$

（2）$U=(1-0.2)U_N=0.8\times220=176(\text{V})$

$$n=\frac{U-I_NR_a}{C_e\Phi_N}=\frac{176-52.6\times0.3}{0.136}=1\ 178(\text{r/min})$$

（3）因为

$$C_T\Phi_NI_N=C_T\Phi I_a$$

所以

$$I_a=\frac{\Phi_N}{\Phi}I_N=\frac{1}{0.9}\times52.6=58.4(\text{A})$$

$$n=\frac{U_N-I_aR_a}{\Phi C_e\Phi_N}=\frac{220-58.4\times0.3}{0.9\times0.136}=1\ 654.2(\text{r/min})$$

【任务实施】

一、直流电动机的拆装

1. 工具、仪表及电气元件

（1）工具：测电笔、螺钉旋具、斜口钳、尖嘴钳、剥线钳、电工刀等。

（2）仪表：MF47 型万用表、5050 型兆欧表。

（3）电气元件：直流电动机。

2. 直流电动机的拆装

（1）直流电动机的拆装步骤及要点如表 2-1 所示。

表2－1　直流电动机的拆装步骤及要点

项目	图示	操作步骤及要点提示
拆卸	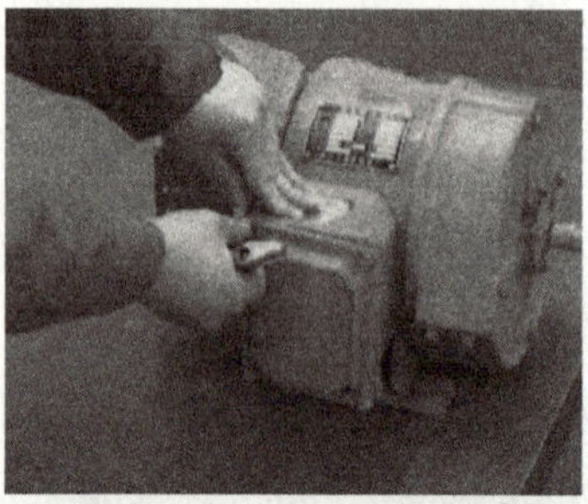	打开电动机接线盒，拆下电源连接线。在端盖与机座连接处做好标记
取出电刷		打开换向器侧的通风窗，卸下电刷紧固螺钉，从刷握中取出电刷，拆下接到刷杆上的连接线
拆卸轴承外盖	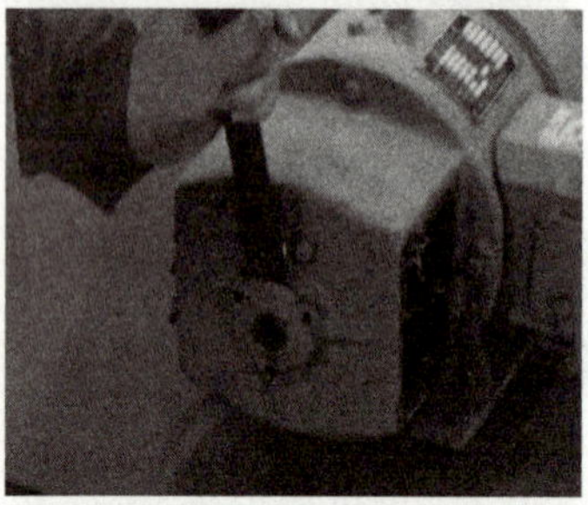	拆除换向器侧端盖螺钉和轴承盖螺钉，取出轴承外盖。拆卸换向器端的端盖，必要时从端盖上取下刷架
抽出转子		抽出转子时要小心，不要碰伤转子
拆卸转子	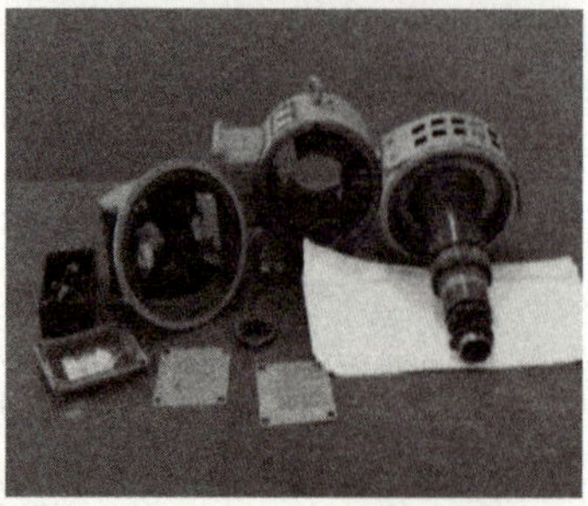	用纸或软布将换向器包好。拆下前端盖上的轴承盖螺钉，并取下轴承外盖，将连同前端盖在内的转子放在木架或木板上。轴承一般只在损坏后取出，无特殊原因，不必拆卸

（2）直流电动机的装配步骤：

①拆卸完成后，对轴承等零件进行清洗，并经质量检查合格后，涂注润滑脂待用。

②直流电动机的装配与拆卸步骤相反。

（3）任务内容和评分标准如表 2－2 所示。

表 2－2　任务内容和评分标准

序号	任务内容	评分标准		配分	扣分	得分
1	拆卸电动机	（1）拆卸步骤不正确，每处扣 5 分 （2）损伤零部件，每只扣 5 分 （3）损伤绕组和换向器扣 20 分		50		
2	火花等级鉴别	（1）未熟记火花等级，每项扣 5 分 （2）火花等级判别错误扣 10～20 分		20		
3	装配电动机	（1）装配步骤不正确，每处扣 5 分 （2）螺钉未拧紧，每只扣 5 分 （3）转子转动不灵活扣 10 分		20		
5	安全、文明生产	每违反一项扣 5 分		10		
6	工时	4 h				
7	备注		合计			
			教师签字	年　　月　　日		

二、并励直流电动机起动、调速控制电路的安装与调试

1. 工具、仪表及电气元件

（1）工具：测电笔、螺钉旋具、斜口钳、尖嘴钳、剥线钳、电工刀等。

（2）仪表：兆欧表、万用表。

（3）电气元件：并励直流电动机起动、调速控制电路安装的全套器材。

2. 训练步骤

1）电气原理图识读与分析

并励直流电动机手动起动控制电路如图 2－9 所示。

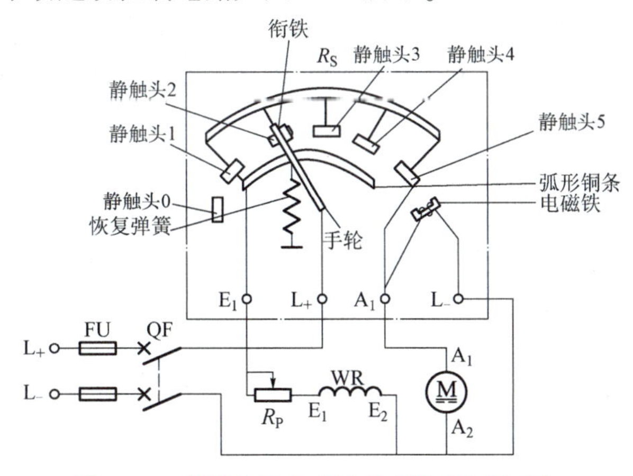

图 2－9　并励直流电动机手动起动控制电路

起动前检查变阻器 R_S 和 R_P，其中变阻器 R_P 应处于短接状态，变阻器 R_S 的手轮置于静触头 0 位。

合上电源开关 QF，接通直流电源。

起动：慢慢旋转手轮，使手轮从静触头 0 位转到静触头 1，此时变阻器 R_S 的全部电阻被接入转子电路，电动机开始旋转，将手轮依次转到静触头 2、静触头 3、静触头 4、静触头 5 的位置，使起动电阻逐级切除直至完全切除，此时电磁铁吸住衔铁，直流电动机起动完毕，进入正常运转。

调速：调节调速变阻器 R_P，逐渐增大其阻值，从而减小电动机励磁绕组的阻值，电动机实现弱磁调速，转速逐渐升高。但要注意转速不能调节得过高，防止出现“飞车”事故。

2）电气元件安装固定

（1）列表并清点、检查电气元件状况，并填表 2－3 所示器材清单。

表 2－3　器材清单

代号	名称	型号	规格	数量	器材状况

（2）设计并励直流电动机起动、调速控制电路电气元件布置图。

（3）根据电气安装工艺规范安装固定元器件。

3）电气控制电路连接

（1）设计并励直流电动机起动、调速控制电路电气接线图。

（2）按电气安装工艺规范实施电路布线连接。

4）电气控制电路通电试验、调试排故

（1）按图检查接线是否正确。

（2）经指导教师复查认可，且在指导教师监护的情况下进行通电校验。

（3）通电校验的操作顺序是：

①在合上电源开关 QF 前，先检查起动变阻器 R_S 的手轮是否置于最左端的静触头 0 位；调速变阻器 R_P 的阻值是否调到零。

②合上电源开关 QF。

③慢慢转动起动变阻器手轮，使手轮从静触头 0 位逐步转至静触头 5 位，逐级切除起动电阻。在每切除一级电阻后要停留几秒钟，用转速表测量其转速，并将测量结果填入表 2－4 中。用钳形电流表测量转子电流以观察电流的变化情况。

表 2－4　测量结果（调节起动变阻器）

手轮位置	静触头 1	静触头 2	静触头 3	静触头 4	静触头 5
转速/（$r \cdot min^{-1}$）					

④调节调速变阻器 R_p，在逐渐增大其阻值时，要注意测量电动机转速，转速不能超过电动机的最高转速（2 000 r/min）。将测量结果填入表2－5中。

表2－5　测量结果（调节调速变阻器）

手轮位置	静触头1	静触头2	静触头3	静触头4	静触头5
转速/（$r \cdot min^{-1}$）					

⑤停转时，切断电源开关QF，将调速变阻器 R_p 的阻值调到零，并检查起动变阻器 R_S 是否自动返回起始位置。

⑥若在校验过程中出现故障，则学生应独立进行调试、排故。

⑦断开电源，先拆除电源线，再拆除电动机接线，然后整理训练场地，恢复原状。

3. 评分标准

直流电动机安装调试评分细则如表2－6所示。

表2－6　直流电动机安装调试评分细则

序号	任务内容	评分标准		配分	扣分	得分
1	工作原理分析	工作原理分析不正确，每处扣5分		20		
2	电气元件 安装固定	元器件安装不正确，每项扣5分		20		
3	电气控制 电路连接	（1）不符合电气连接工艺要求，每处扣5分 （2）安装错误，每项扣5分		20		
4	电气控制电路通电 试验、调试、排故	（1）通电校验失败，每次扣10分 （2）排故失败，每次扣10分		30		
5	安全、文明生产	每违反一项扣5分		10		
6	工时	4 h				
7	备注		合计			
			教师签字	年　　月　　日		

【任务总结】

直流电动机的结构和工作原理是必须理解的重要内容，直流电动机的调速方法以及相对于交流调速的优缺点也必须掌握。除此之外，还应该了解直流电动机的维护和保养知识。

【任务拓展】

一、电动机的正确使用

电动机的使用寿命有一定限制。在运行过程中，电动机的绝缘材料会逐步老化、失效，电动机轴承将逐渐磨损，电刷在使用一定时期后，因磨损必须进行更换，换向器表面有时也会发黑或灼伤，等等。但一般说来，电动机结构是相当牢固的，在正常情况下使用时，电动

机寿命是比较长的。在使用过程中由于受到周围环境的影响，如油污、灰尘、潮气、腐蚀性气体的侵蚀等，电动机的寿命将缩短。电动机的使用不当，比如转轴受到不应有的扭力等将加速轴承磨损，甚至使转轴扭断；再如电动机过载，将会使其过热造成绝缘老化，甚至烧损。这些损伤都是由于外部因素造成的，为避免这些情况的发生，正确使用电动机、及时发现电动机运行中的故障隐患是十分重要的。正确使用电动机应从以下方面着手：

(1) 根据负载大小正确选择电动机的功率，一般电动机的额定功率要比负载所需的功率稍大一些，以免电动机过载；但也不能太大，以免造成浪费。

(2) 根据负载转速正确选择电动机的转速，其原则是使电动机和被拖动的生产机械都在额定转速下运行。

(3) 根据负载特点正确选择电动机的结构型式，一般要求转速恒定的机械采用并励电动机；起重及运输机械选用串励电动机。还需考虑电动机的抗振性能及防止风、沙、雨水等的侵袭，在矿井内使用的直流电动机还需具有防爆性能。

(4) 电动机在使用前的检查项目。对新安装使用的电动机或搁置较长时间未使用的电动机在通电前必须进行如下检查：

①检查电动机铭牌、电路接线、起动设备等是否完全符合规定。

②清洁电动机，检查电动机绝缘电阻。

③用手拨动电动机旋转部分，检查是否灵活。

④通电进行空载试验运转，观察电动机转速、转向是否正常，是否有异声等。

以上检查合格后可带动负载起动。

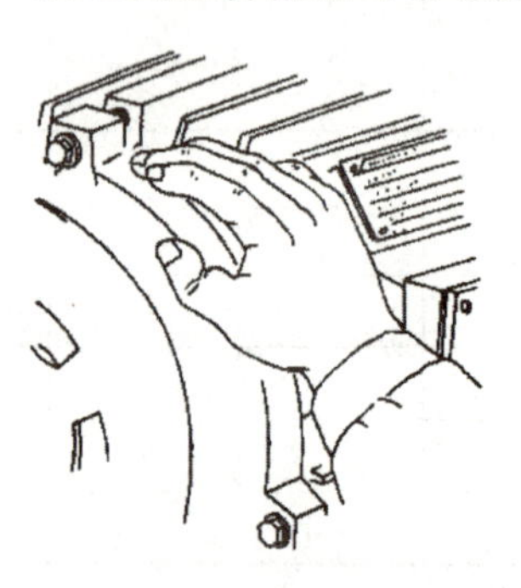

图 2－10　手接触电动机外壳

(5) 电动机在运行中的监视。对运行中的电动机进行监视的目的是清除一切不利于电动机正常运行的因素，及早发现故障隐患，及时进行处理，以免故障扩大，造成重大损失。监视的主要项目有：

①电动机的温度，粗估电动机运行中是否有过热现象。对于一般常用的小型直流电动机，可用手接触电动机外壳（图 2－10），查看电动机外壳是否有明显的烫手感觉。如有明显的烫手感觉，则说明电动机过热。也可在外壳上滴几点水，如水滴急剧汽化，并伴有“嘶嘶”声，则说明电动机过热。大、中型电动机常装有热电偶等测温装置用于监视电动机温度。如在电动机运行时，嗅到绝缘的焦味，则也说明电动机过热，必须立即停机检查原因。

②电动机的负载电流。一般不允许负载电流超过额定电流，容量较大的电动机一般都装有电流表，以利于随时观测。负载电流与电动机的温度是紧密相关的。

③电源电压的变化。电源电压过高或过低都会引起电动机过载，给电动机运行带来不良后果，一般电压的变动量应被限制在额定电压的 $\pm(5\sim10)\%$ 范围内。通常我们可在电动机的电源上装电压表进行监视。

④电动机的换向火花。一般直流电动机在运行中电刷与换向器表面基本上看不到火花，或只有微弱的点状火花。在额定负载的情况下，一般直流电动机只允许有不超过 $1\frac{1}{2}$ 级的火花。电刷下的火花等级如表 2－7 所示。

表2－7　电刷下的火花等级

火花等级	电刷下火花程度	换向器及电刷的状态
1	无火花	换向器上没有黑痕；电刷上没有灼痕
$1\frac{1}{4}$	电刷边缘仅小部分有微弱的点状火花或非放电性的红色小火花	
$1\frac{1}{2}$	电刷边缘大部分有轻微的火花	换向器上有黑痕出现，用汽油可以擦除；电刷上有轻微灼痕
2	电刷边缘大部分有较强烈的火花	换向器上有黑痕出现，用汽油不能擦除；电刷上有灼痕。短时出现这一级火花，换向器上不出现灼痕，电刷不致烧焦或损坏
3	电刷的整个边缘有强烈的火花，即环火，同时有大火花飞出	换向器上有黑痕且相当严重，用汽油不能擦除；电刷上有灼痕。如在这一级火花短时运行，换向器会出现灼痕，电刷将被烧焦或损坏

⑤电动机轴承的温度不容许超过允许的数值。轴承外盖边缘处不允许有漏油现象。

⑥电动机运行时的声音及振动情况等。电动机在正常运行时，不应有杂声，较大电动机也只能听到均匀的“哼”声和风扇的呼啸声。如果运行中出现不正常的杂噪声、尖锐的啸叫声等，则应立即停机检查。电动机在正常运行时不应有强烈的振动或冲击声，如果出现，则应停机检查。总之，只要电动机在运行中出现与平时正常使用时不同的声音或振动，就必须立即停机检查，以免造成事故。

二、电动机的定期维护

为了保证电动机正常工作，除按操作规程正确使用电动机、运行过程中注意正常监视外，还应对电动机进行定期检查维护，其主要内容有：

（1）清洁电动机外部，及时除去机座外部的灰尘、油泥。检查、清洁电动机接线端子，观察接线螺钉是否松动、烧伤等。

（2）检查传动装置，包括皮带轮和联轴器等，有无破裂、损坏，安装是否牢固等。

（3）检查、清洗电动机轴承，更换润滑油或润滑脂。

（4）检查电动机绝缘性能。电动机绝缘性能的好坏不仅影响电动机本身的正常工作，还会危及人身安全，故在使用电动机过程中，应经常检查绝缘电阻，特别是电动机搁置一段时间不用后及在雨季电动机受潮后，还要注意查看电动机机壳接地是否可靠。

（5）清洁电刷与换向器表面，检查电刷与换向器接触是否良好，电刷压力是否适当。

三、换向器和电刷的维护保养

（1）换向器表面应保持光洁，不得有机械损伤和火花灼痕。有轻微灼痕时，可用0号砂纸在低速旋转的换向器表面仔细研磨，用宽度与换向器相同的0号砂纸包裹在换向器上，将转子放在V形铁或架子上，转动转子，研磨电刷，电刷研磨面要在80%以上。大型电动机可在安装后在电动机内部进行研磨。研磨电刷如图2－11所示。

如果换向器表面出现严重的灼痕、粗糙不平、表面不圆或局部凸凹现象，则应拆下换向器重新进行车削加工。加工完成后应将片间云母槽中的云母片下刻1～1.5 mm，并清除换向器表面的金属屑及毛刺等；最后用压缩空气将整个转子吹干净、装配。

换向器在负载下长期运行后，表面会产生一层坚硬的深褐色的薄膜，这层薄膜能保护换向器不受磨损，因此要保护好这层薄膜。

（2）检查电刷压力。如果电刷压力大小不当或不均匀，则用弹簧秤校正电刷压力为 14.7 ~ 24.5 kPa（150 ~ 250 g/cm^2），如图 2 – 12 所示。如果弹簧失去弹性，则要更换弹簧。

图 2 – 11　研磨电刷

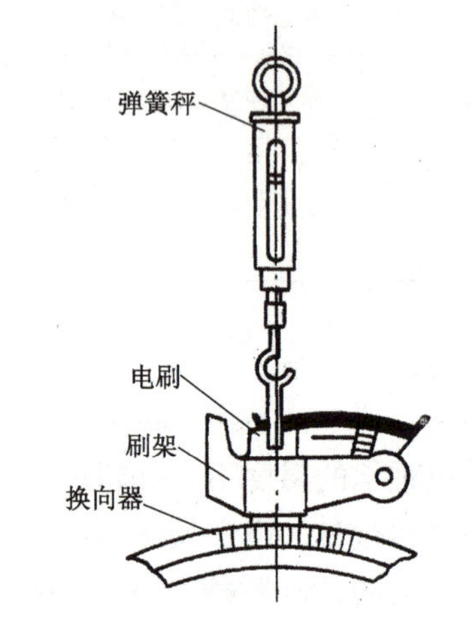

图 2 – 12　用弹簧秤检查电刷压力

任务 2　晶闸管直流调速系统

【任务目标】

熟悉晶闸管直流调速系统控制电路、触发电路、主电路和励磁电路的工作原理，掌握本系统调试测量和调速操作方法以及常见故障分析及检修方法。

【任务分析】

晶闸管直流调速系统对于数控专业的学生来说是一个相对比较抽象难懂的课题，在学习过程中，学生应重点从晶闸管直流调速系统的原理框图开始了解其工作原理，在此基础上通过具体的实践进一步加深对晶闸管直流调速系统的认识。

【知识准备】

一、晶闸管直流调速系统简介

现代工业生产中，在不同的场合下要求生产机械采用不同的速度进行工作，以保证生产机械的合理运行，并提高产品质量。改变生产机械的工作速度就是调速，如金属切削机械在

进行精加工时，为提高工件的表面光洁度而需要提高切削速度；龙门刨床在刨台返回时不进行切削，故返回速度应尽量加快，以提高工作效率；对鼓风机和泵类负载，用调节转速来调节流量（或风量），比通过调节阀门（或风门）的方法更节能。由此可见，调速在各行各业生产机械的运行中具有重要的意义。

调速的方法主要有两种：一是采用机械方法进行调速；二是采用电气方法进行调速。机械调速是人为地改变机械传动装置的传动比以达到调速的目的，而电气调速则是通过改变电动机的机械特性达到调速的目的。相比而言，采用电气方法对生产机械进行调速具有许多优点，如可以简化机械的结构、提高生产机械的工作效率、操作简便等，尤其易于实现对生产机械的自动控制。因此，在现代生产机械中，广泛采用电气方法进行调速，组成自动调速系统。

调速系统有直流调速系统和交流调速系统两大类。鉴于直流电动机具有良好的起动、制动性能，宜在大范围内平滑调速，所以直流调速系统，特别是晶闸管直流调速系统在现代生产中获得了广泛的应用。

二、晶闸管直流调速系统开环特性

对于一个调速系统来说，电动机要不断地处于起动、制动、反转、调速以及突然加减负载的过渡过程，此时，我们必须研究相关电动机运行的动态指标，如稳定性、快速性、动态误差等。这对于提高产品质量和劳动生产率以及保证系统安全运行是很有意义的。

（1）跟随指标：系统对给定信号的动态响应性能，称为跟随性能，一般用最大超调量 σ、超调时间 t_s 和震荡次数 N 来衡量，图 2－13 所示为突加给定作用下的动态响应曲线。最大超调量反映系统的动态精度，超调量越小，系统的过渡过程进行得越平稳。不同的调速系统对最大超调量的要求也不同。在一般调速系统中，最大超调量 σ 的允许范围为 10%～35%，轧钢机中的初轧机要求 $\sigma<10\%$，连轧机则要求 $\sigma<5\%$，而张力控制的卷曲机系统（造纸机）则不允许有超调量。调整时间 t_s 反映系统的快速性，例如，连轧机的 t_s 为 0.2～0.5 s，造纸机的 t_s 为 0.3 s。振荡次数反映系统的稳定性。磨床等普通机床允许振荡 3 次，龙门刨床与轧机则允许振荡 1 次，而造纸机不允许有振荡。

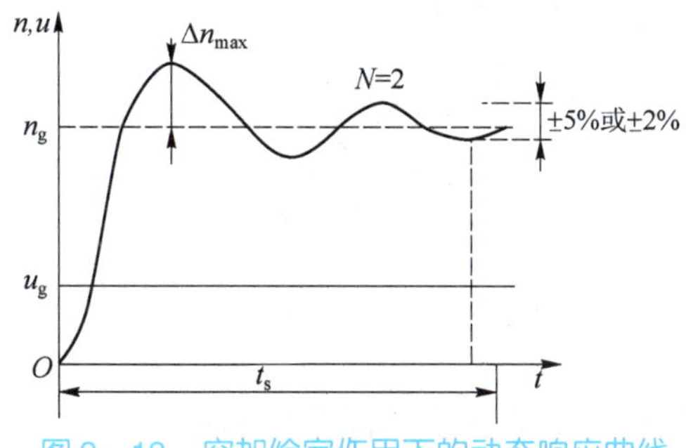

图 2－13　突加给定作用下的动态响应曲线

（2）抗扰指标：扰动量作用时的动态响应性能称为抗扰性能。一般用最大动态速降 Δn_{max}、恢复时间 t_f 和振荡次数 N 来衡量。图 2－14 所示为突加负载时的动态响应曲线。最大动态速降反映系统抗扰动能力和系统的稳定性。由于最大动态速降与扰动量的大小有关，因

此必须同时注明扰动量的大小。恢复时间反映系统的抗扰动能力和快速性。振荡次数 N 同样代表系统的稳定性与抗扰动能力。

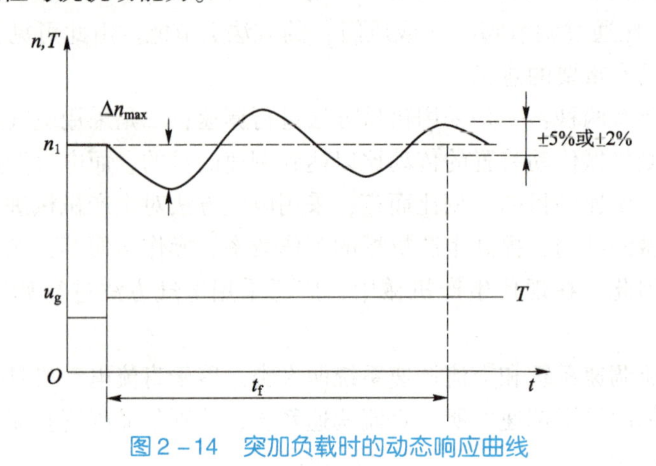

图 2-14　突加负载时的动态响应曲线

三、G-M 系统

1. 工作原理

直流电动机的调速系统有多种形式。早期比较成熟并被广泛应用的是发电机—电动机组系统，简称 G-M 系统，如龙门刨床的主拖动系统。20 世纪 50 年代开始采用水银整流器及闸流管组成的静止变流装置。上述两种调速系统，前者体积大、投资成本高、效率低、噪声大；后者水银整流器极易损坏，到了 60 年代便被更经济可靠的晶闸管变流装置所代替。简单的晶闸管直流调速系统如图 2-15 所示。

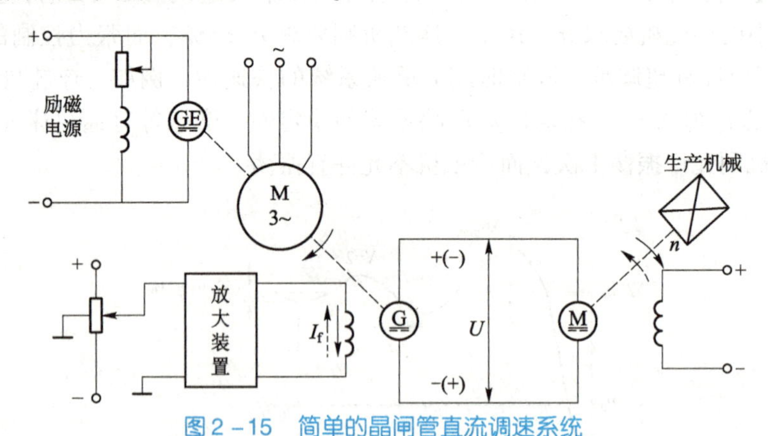

图 2-15　简单的晶闸管直流调速系统

该装置由原动机（柴油机、交流异步或同步电动机）拖动直流发电机 G 实现变流，由 G 给需要调速的直流电动机 M 供电，调节直流发电机 G 的励磁电流 I_f 即可改变其输出电压 U，从而调节电动机的转速 n。

2. 系统特性

G-M 系统的优点是可逆运行；缺点是设备多、体积大、成本高、效率低、有振动和噪

声、维护麻烦、响应慢、放大倍数低。因此，随着直流调速系统的发展，该系统逐渐被替代。同时，由于水银整流器响应快、放大倍数大，但是容量小、成本高、维护麻烦，万一泄漏，就会污染环境、危害身体健康，因此该整流器没有得到推广。

四、V－M系统

1. 工作原理

晶闸管—电动机调速系统，简称V－M系统，如图2－16所示。VT是晶闸管可控整流器，通过调节触发装置GT的控制电压U_c来移动触发脉冲的相位，即可改变整流电压U_d，从而实现平滑调速。

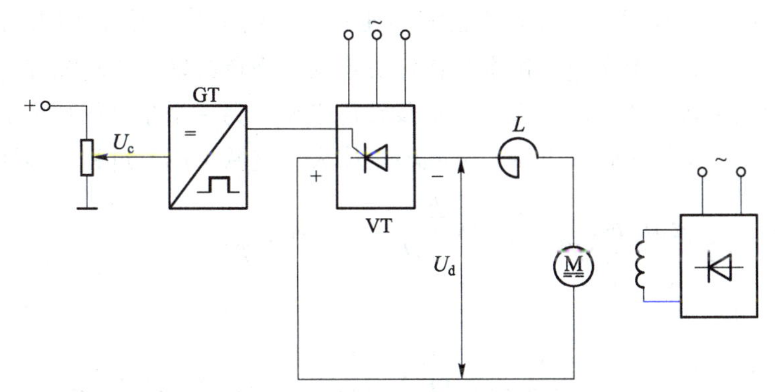

图2－16　晶闸管－电动机调速系统（V－M系统）

2. 系统特性

（1）晶闸管由于单向导电性而不允许电流反向，给系统可逆运行造成困难。

（2）晶闸管对过电压、过电流和过高的du/dt与di/dt都十分敏感，它们若超过允许值，会在很短的时间内损坏元器件，因此设计时应留有2～3倍余量。

（3）晶闸管处于深度调速状态（低速运行）时，可控硅导通角小，系统功率因数很低，产生高次谐波电流，由谐波与无功功率引起电网电压波形畸变，殃及附近的用电设备，造成“电力公害”，因此应增加无功补偿和谐波滤波装置。

小提醒

V－M系统与G－M系统比较：

晶闸管整流装置在经济性和可靠性上都有很大提高，且在技术性能上也显示出较大的优越性。

晶闸管可控整流器的功率放大倍数在104以上，其门极电流可以直接用晶体管来控制，不再像直流发电机那样需要较大功率放大器。

在控制作用的快速性上，变流机组是秒级，而晶闸管整流器是毫秒级，这大大提高了系统的动态性能。

五、晶闸管有静差直流调速系统

晶闸管直流调速系统按是否存在稳定偏差，可分为有静差直流调速系统和无静差直流调速系统。

单纯由被调量负反馈组成的按比例控制的单闭环系统属于有静差的自动调节系统，简称有静差直流调速系统。

为了提高晶闸管有静差直流调速系统的调节精度以及机械特性硬度，在系统中通常设有转速负反馈、电压负反馈和电流正反馈等环节，构成闭环系统。

1. 具有转速负反馈的直流调速系统

图 2－17 所示为具有转速负反馈的直流调速系统。当负载转矩 T_L 增大时，该系统将同时存在两个调节过程。一个是电动机本身特性决定的，当负载增大、转速降低时，电动机转子电流增大，使电磁转矩 T 自动增大，与负载转矩平衡；另一个是反馈环节的作用，使控制电路产生相应变化，结果是转子电压、电磁转矩增大。这两个调节过程可描述如下：

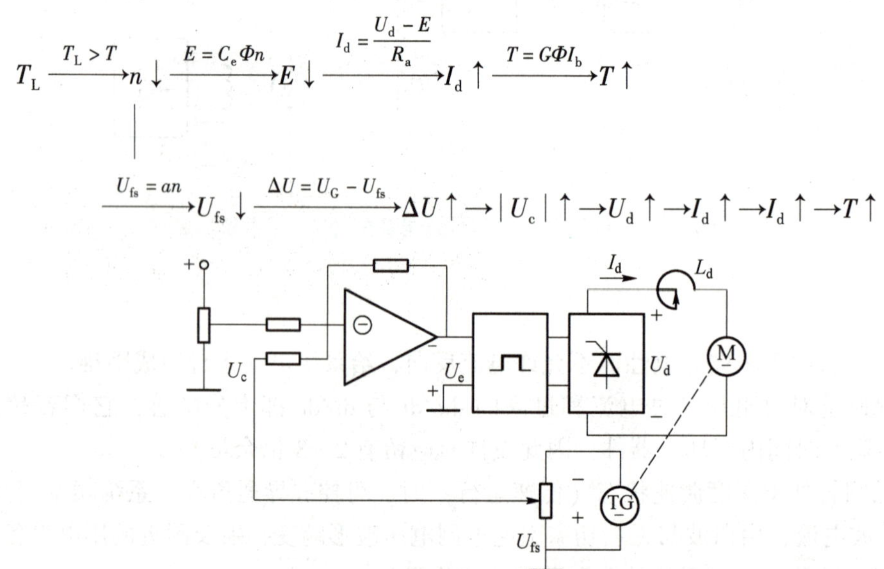

图 2－17　具有转速负反馈的直流调速系统

上述两个调节过程最后都使 $T=T_L$，电动机运行在新的稳定转速。既然电动机本身能自动达到 $T=T_L$，那么加入反馈环节的特殊作用表现为：

如无反馈环节，则电动机内部的电磁转矩将随自身的机械特性变化。如图 2－18 所示，原来负载转矩为 T_{L1}，转子电压为 U_{d1}，电动机稳定运行在机械特性曲线的 a 点。当负载转矩增大至 T_{L2}时，电磁转矩将沿着 U_{d1}时的机械特性曲线增长，电动机最后稳定运行在 b 点，转速就降低了。

有了反馈环节后，转速下降的结果将通过控制电路的作用，使转子电压增大，如从 U_{d1} 增大到 U_{d2}，则电动机稳定运行在 U_{d2} 机械特性曲线的 b'点。同样，如负载转矩增大到 T_{L3}，反馈结果使转子电压增大到 U_{d3}，则电动机将稳定运行在 c'点。不难看出，反馈环节的作用使转速降低减小。将 a、b'、c'点连接作直线便是闭环时的机械特性曲线，显然比开环时硬得多。

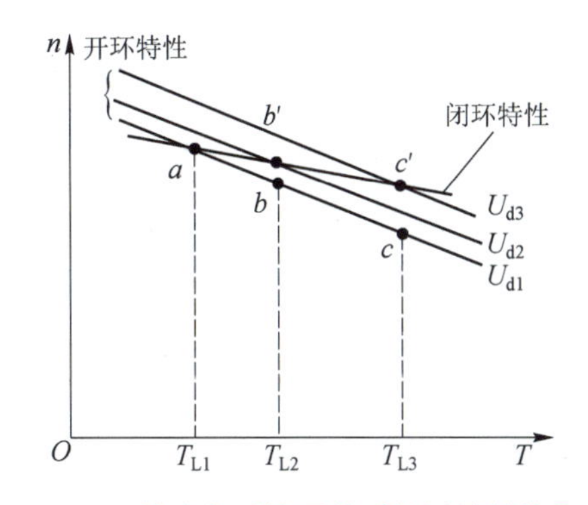

图 2－18　转速负反馈环节对机械特性的影响

但无论反馈多强，放大器的放大倍数多大，总存在转速降低，即负载转速总低于空载转速。令空载时的给定电压为 U_{G1}，转速反馈电压为 U_{fs1}，它们的偏差电压为 $\Delta U_1 = U_{G1} - U_{fs1}$，空载转速为 n_0。当加上负载时，n 下降，U_{fs}减小，ΔU 增大，U_e 增大，U_d增大，n 回升。

假定 n 能回升到 n_0，则 U_{fs}也能恢复到 U_{fs1}，ΔU 也能恢复到 ΔU_1，U_d也能恢复到 U_{d1}。这样将无法补偿由于 T_L增大、I_d增大而在转子电阻上增大的电压降。因此，电动机的转速必定低于 n_0。这与假定矛盾，说明原假定不存在，即转速不能恢复到原来值。因此，这种调速系统是有静差的。

2. 具有电压负反馈的直流调速系统

图 2－19 所示为具有电压负反馈的直流调速系统。电压反馈信号取自电动机转子两端，通过电位器可以调节反馈量的大小。电压反馈信号 U_{fv}与给定电压综合的偏差电压，经放大器后作为控制电压，决定转子电压的大小。该系统的调节过程如下：

$$T_L\uparrow \rightarrow n\downarrow \rightarrow I_d\uparrow \rightarrow U_M\downarrow \rightarrow U_{fv} \rightarrow \Delta U\uparrow \rightarrow |U_c|\uparrow \rightarrow U_d\uparrow \rightarrow U_M\uparrow \rightarrow n\uparrow$$

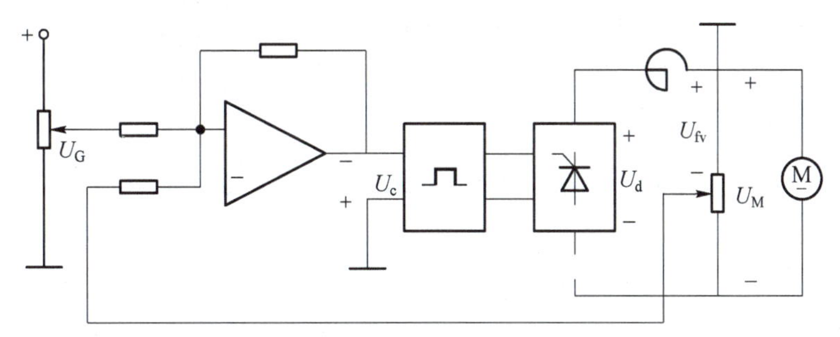

图 2－19　具有电压负反馈的直流调速系统

3. 具有电压负反馈与电流正反馈的直流调速系统

图 2－20 所示为具有电压负反馈与电流正反馈的直流调速系统。电流反馈信号为主电路中串联电阻的两端电压，该电压与转子电流的大小成正比。由于电流反馈信号 U_{fa}与给定电压 U_G的极性相同，故称为电流正反馈。当负载增大、转速降低、转子电流增大时，电流反馈信号增强，和给定电压 U_G与电压反馈信号 U_{fv}综合，使可控整流器输出电压提高，从而补偿下降的转子电压，使转速降低减小，提高系统的机械特性硬度。

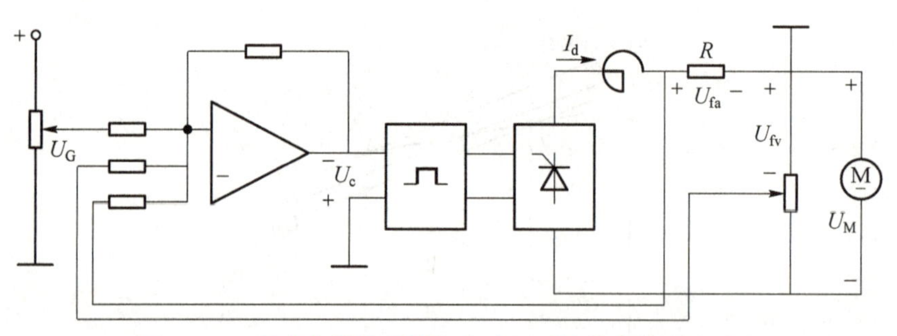

图 2－20 具有电压负反馈与电流正反馈的直流调速系统

采用电流正反馈环节时容易引起振荡，因此一般电流正反馈不单独使用，而是与电压负反馈一起使用，二者互为补充、互相配合，可以获得很硬的机械特性。

4. 具有电流截止负反馈的直流调速系统

图 2－21 所示为具有电流截止负反馈的直流调速系统。图 2－21 所示的稳压管 VS 构成一个比较环节，它的击穿电压提供了一个比较电压。当转子电流 I_d 小于其允许值时，反馈电压 U_{fa} 小于 VS 的击穿电压，稳压管 VS 未导通，U_{fa} 对控制不起作用；当电流 I_d 大于其允许值时，U_{fa} 大于 VS 的击穿电压，稳压管 VS 被击穿导通，负反馈电压 U_{fa} 对控制起作用，使 U_d 急剧下降，转速 n 随之也急剧下降，从而限制电流增大，起到保护晶闸管和电动机的作用。

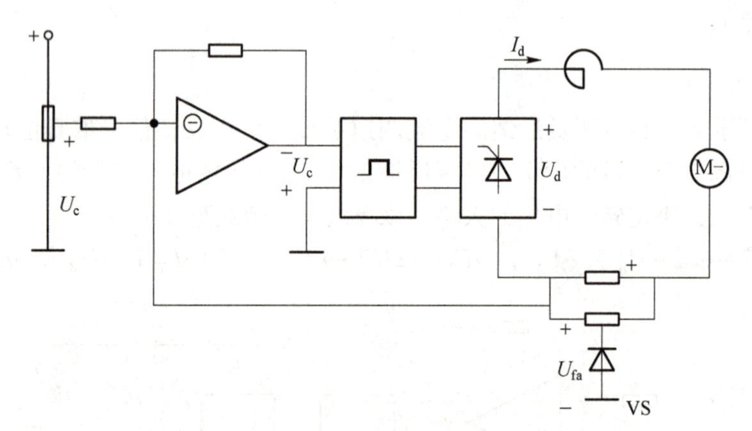

图 2－21 具有电流截止负反馈的直流调速系统

六、小功率有静差直流调速系统

KZD－Ⅱ型直流调速系统的组成如图 2－22 所示。该系统主要由给定电路、比较环节、放大器、触发器、整流回路、电压负反馈、电流截止负反馈、电流正反馈、控制对象几部分组成。

1. 结构特点和技术数据

图 2－23 所示为典型的直流调速系统电路原理。它是小容量晶闸管直流调速装置，适用于 4 kW 以下直流电动机无级调速。系统的主回路采用单相桥式半控整流线路，具有电流截止负反馈、电压负反馈和电流正反馈（电动势负反馈），具体参数如下：

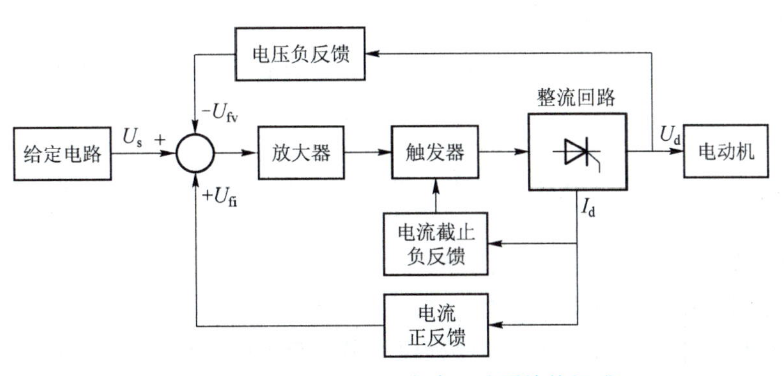

图 2－22　KZD－Ⅱ型直流调速系统的组成

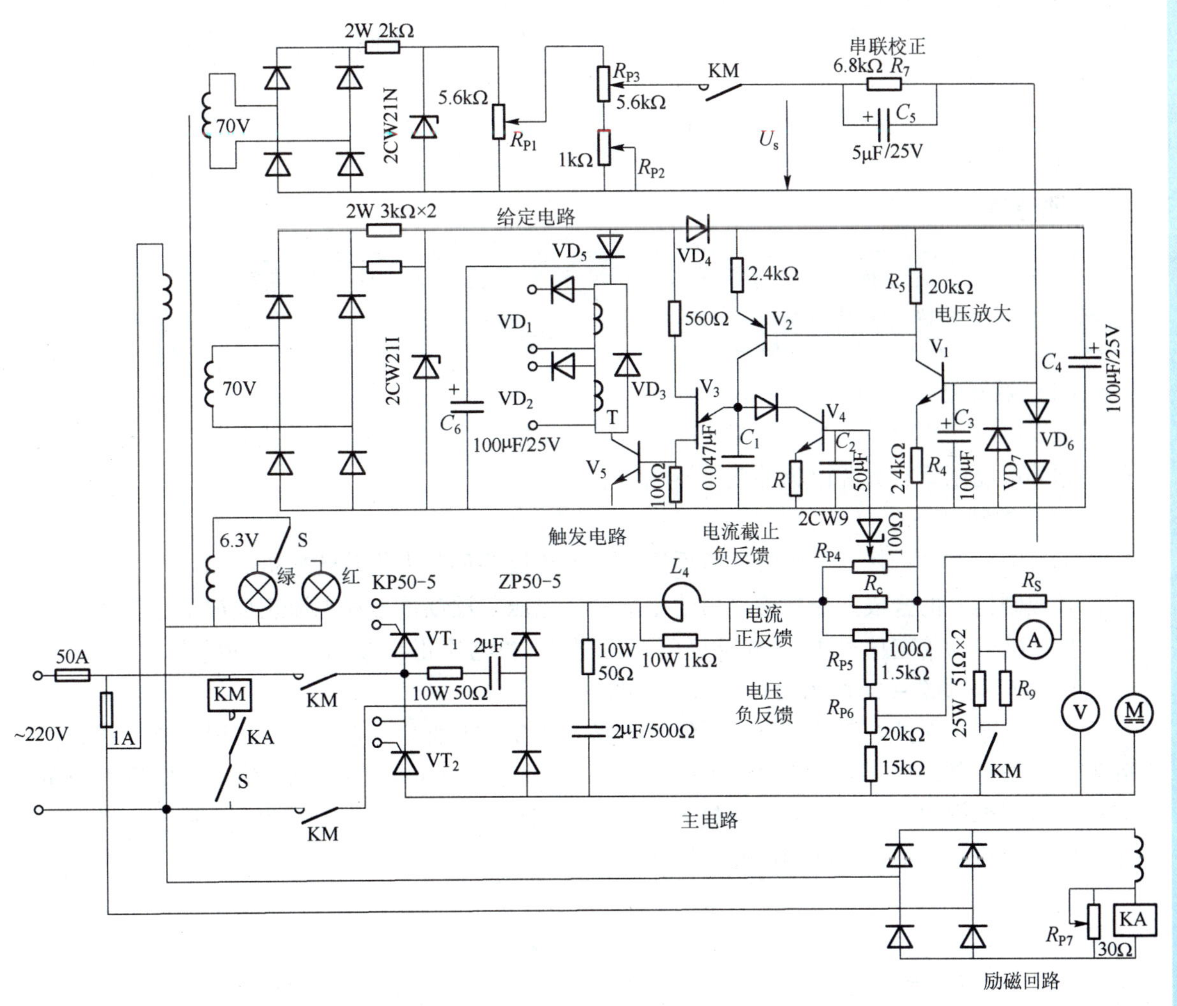

图 2－23　典型的直流调速系统电路原理

（1）适用于 4 kW 以下直流电动机无级调速。

（2）装置的电源电压为单相交流 220 V。

（3）输出电压为直流 160 V。

（4）输出最大电流为 30 A。

（5）励磁电压为直流 180 V，励磁电流为 1 A。

（6）系统主要配置 Z3 系列（转子电压 160 V，激磁电压 180 V）的小型直流他励电动机。

2. 晶闸管直流调速系统线路的分析

晶闸管直流调速系统的一般分析顺序：主电路→触发电路→控制电路→辅助电路（包括保护、指示、报警等）。

（1）主电路部分。

①作用：给直流电动机供电。

②采用单相桥式半控整流电路，能够确保的最大直流电压为：$U_d = 220\ \text{V} \times 0.95 \times 0.9 = 188\ (\text{V})$。式中系数 0.95 就是考虑电压降低 5%，0.9 为全波整流系数。同时考虑整流装置的内阻，故拖动电动机多采用额定电压为 160 V 的电动机。

③平波电抗器 L_d：限制电流脉动、改善换向条件、减少转子损耗、使电流连续。

④电抗器 L_d 两端并联一个电阻：减少掣住电流建立的时间。

⑤电动机励磁由单独的整流电路供电。

小提醒

可控硅刚从阻断状态转为导通状态就将触发电压去除，此时保持可控硅导通所需的最小阳极电流叫掣住电流。

（2）触发电路。

触发电路采用由单结晶体管组成的弛张振荡电路。为了提高触发脉冲的功率，振荡产生的尖脉冲经晶闸管放大并由脉冲变压器输出。

（3）控制电路。

①反馈形式的选择。采用电压负反馈和电流正反馈环节来代替转速负反馈。

②控制信号的合成。控制信号由给定信号、电压负反馈信号和电流正反馈信号组成。

控制信号为给定信号 U_s、电压负反馈信号 U_{fv} 和电流正反馈信号 U_{fi} 的综合，即 $\Delta U = U_s - U_{fv} + U_{fi}$。图 2－24 所示为控制信号局部电路。

③电流截止保护电路。电流截止保护电路如图 2－25 所示。它的主要作用是抗干扰，消除振荡环节。其基本工作原理为：I_d 较小时→UI' 较小→2CW9 截止、V_4 截止→电流截止负反馈环节不起作用；I_d 较大时→UI' 较大→2CW9 导通、V_4 导通→有 I_b→将 C_1 旁路→使 I_c 减小→脉冲后移→U_d 减小→限制电流 I_d 增加。

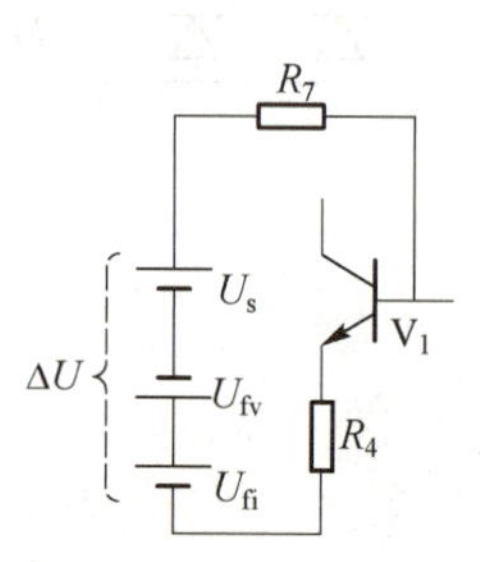

图 2－24　控制信号局部电路

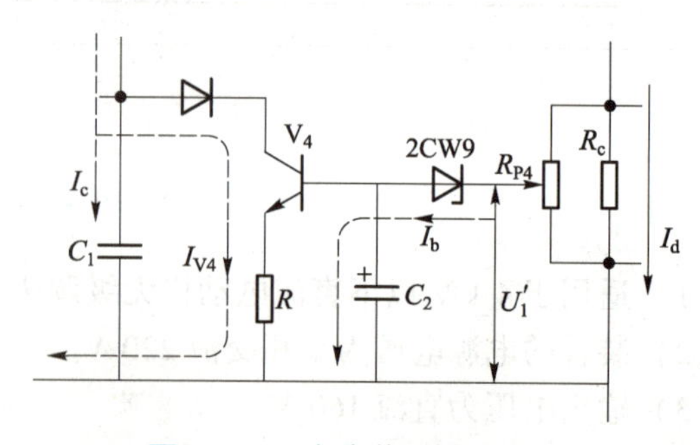

图 2－25　电流截止保护电路

（4）系统的自动调节过程。

当负载增加时，电动机转速 n 下降，由于电流 I_d的增加、U_d的降低，U_{fi}增加、U_{fv}减小，从而使 ΔU（$\Delta U = U_s - U_{fv} + U_{fi}$）增加，整流装置输出电压 U_{do}增加，进而使电流增加、电磁转矩 T_d增加、电动机转速 n 回升。

【任务实施】

任务名称：晶闸管直流调速电路控制电动机的转速。

一、工具、仪表及电气元件

（1）工具：测电笔、螺钉旋具、斜口钳、尖嘴钳、剥线钳、电工刀等。

（2）仪表：MF47 型万用表、5050 型兆欧表。

（3）电气元件：直流电动机。

二、操作步骤

1. 单闭环调节直流调速系统电路板基本原理分析

图 2－26 所示为某单闭环调节直流调速系统电路板原理。

（1）电路的组成。电路由两部分组成：一部分是放大调节电路，作用为将给定电压信号和电压负反馈信号叠加后进行放大，将产生的控制信号 U_k输入触发电路，同时也受到保护信号的控制；另一部分是保护电路，当发生过电流、缺相、负载过载现象引起转子电流增大到极危险时，其采取保护措施自动减小输出电流或切断电源。

（2）给定积分比例调节放大环节。由集成运放 IC1B、IC1D 以及阻容元件共同构成积分电路，当给定电压 U_g 突然变化时，输出电压不会发生突变，这可以减小其对电路的冲击。

集成运放 IC1C 构成比例调节器，给定信号 U_g 和电压负反馈信号 U_f同时被引入比例调节器的反相端，比例调节器的输入信号是 $\Delta U = U_g - U_f$，输出信号是控制电压 U_k。

（3）低速封锁电路。由集成运放 IC1A 构成比较器，当给定电压小于某个值（约0. 3 V）时，比较器有输出，输出电压 $U_d = 0$ V，防止电动机出现“爬行”现象。

（4）缺相保护电路。当主电路缺相时，缺相变压器检测到零线中的电流不为零，该信号经过半波整流，变成一个电压信号，加入集成运放 LM311 构成的保护比较器输入端。

（5）电流截止保护电路。在整流电路的交流输入端，用 3 个电流互感器检测三相交流电流值，并且其经过三相桥式整流后，产生正、负两个电压值，正电压经过分压后输入比例调节器的反相端，负电压分压后输入保护比较器的输入端，起控制和保护的作用。

（6）保护比较器电路。集成运放 LM311 构成的保护比较器电路将过电流保护信号、缺相保护信号与某个设定值进行比较，再通过两个 D 触发器，产生两路信号：一路输入比例调节器的反相端，限制控制电压 U_k；另一路使保护晶闸管导通，使保护继电器 K_{12}吸合，切断主接触器 KM_1，进一步切断总电源，达到保护作用。

（7）电压负反馈隔离电路。图 2－27 所示为电压负反馈隔离电路原理。从并联在整流主电路输出端的电阻上取出一定的直流电压值，经过振荡变压器电路的转换作用，将其转化为交流信号，再经过整流将其恢复成直流信号，加到比例调节器输入端，作为负反馈信号。其既能隔离主电路和控制电路，又能实现电压负反馈的功能。

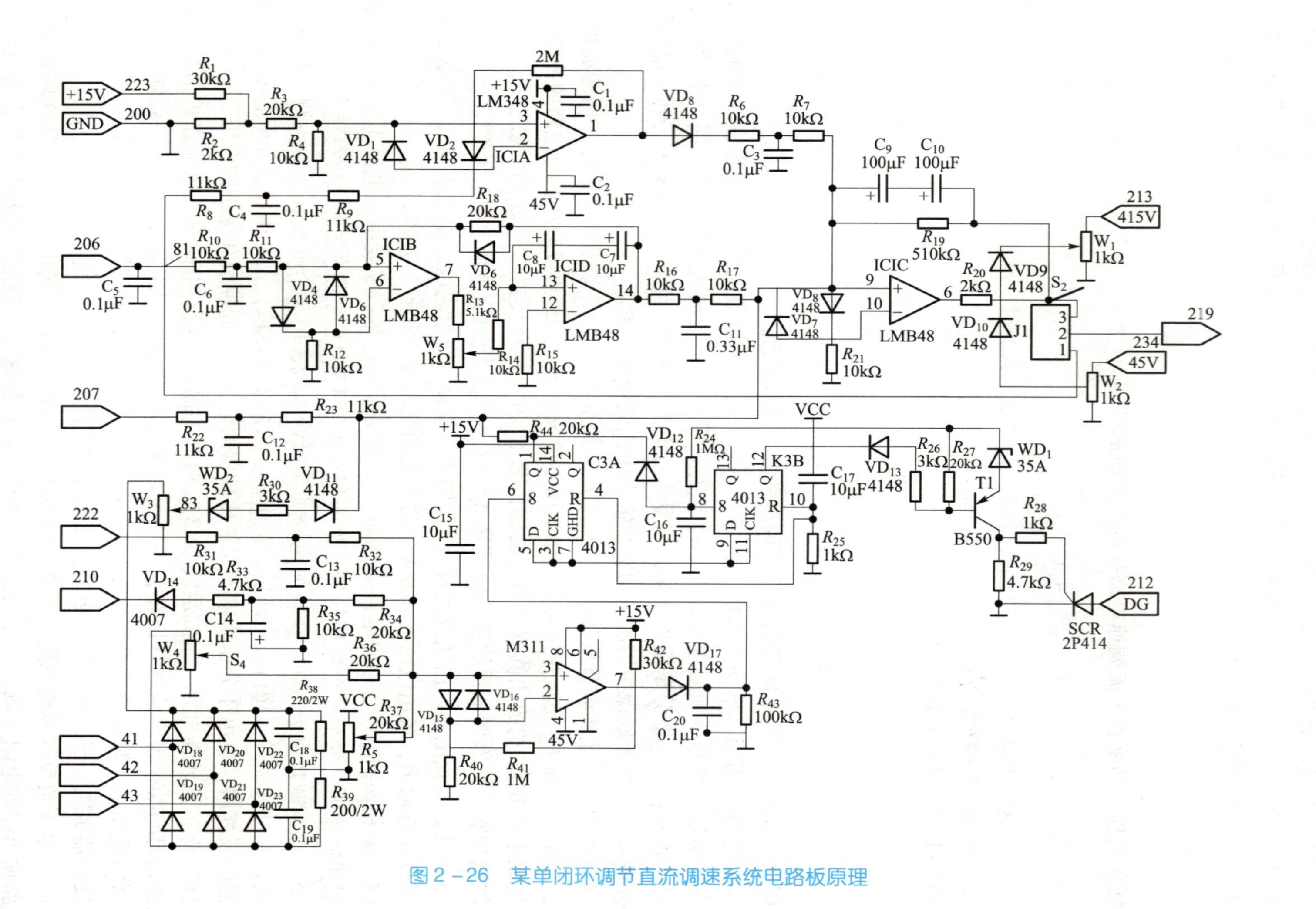

图 2－26　某单闭环调节直流调速系统电路板原理

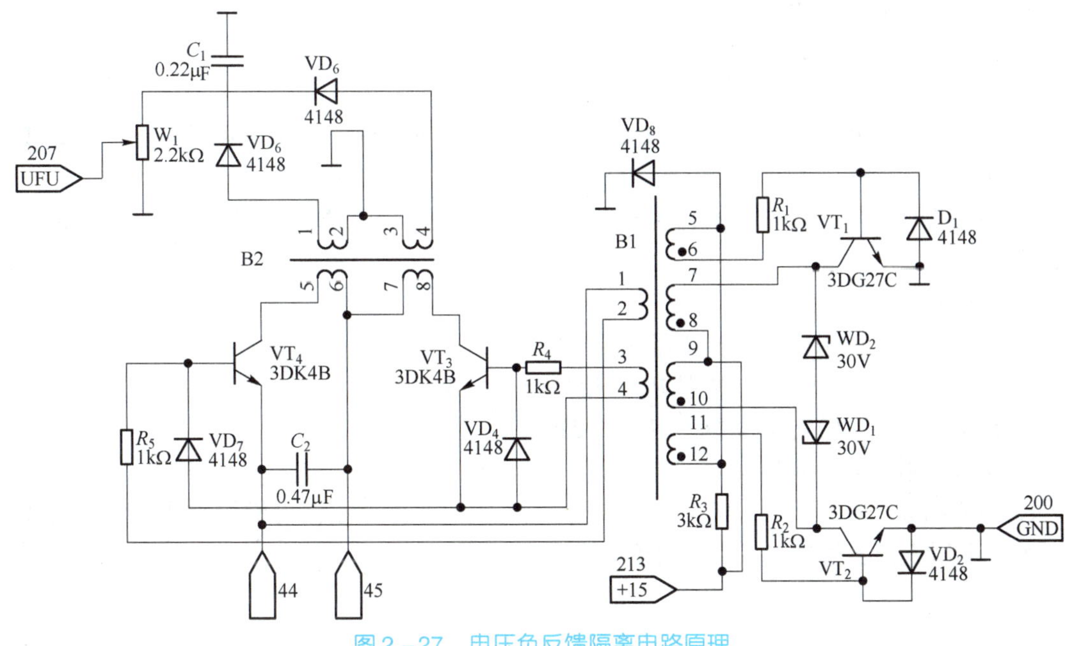

图 2－27 电压负反馈隔离电路原理

2. 操作步骤

（1）根据图 2－26，将单闭环调节电路板接入设备中，把短路环放在闭环状态。连接 ±15 V电源的连接线。主电路中接入电阻负载（灯泡）。

（2）接通开关 QS_1、QS_2、SB_2，调节 R_{P100}，使给定电压 $U_g=0$ V。

（3）调节输出额定电压、限幅电压、反馈电压。

①切断电源后，在操作（2）的基础上，将各个电路板均接入系统，构成完整的单闭环系统。

②接通开关 QS_1、QS_2、SB_2，各个电路均处于初始状态，此时，各触发板锯齿波斜率基本一致（各个 4 引脚的电压被调整为 +6 V），调节直流偏置电压 $U_P=-6$ V；给定电压 $U_g=0\sim10$ V 可调，电压负反馈值调整电位器调到最大，即取消负反馈电压。输出电压 $U_d=0\sim300$ V 连续可调。

③为了符合负载额定电压的需要，防止输出电压 U_d 过高而使负载出现过载状态，需要同时调节输出限幅电压、反馈电压和给定电压，使它们相互协调。方法如下：

a. 调节图 2－26 所示的输出限幅电位器 R_{P1}，其整定值约为 5 V，由于没有加入电压负反馈，所以 U_d 上升很快，使 $U_d=300$ V。

b. 再次调节限幅电位器 R_{P1}，其整定值略有减小，使 $U_d=270$ V。可以同时用示波器观察 IC1 9 引脚的波形，观察控制角 α 的大小，此时的给定电压对应最小控制角 α。

c. 接着调节负反馈电压，逐渐加大图 2－26 所示隔离板上的电位器 R_{P1}，使负反馈电压增大，此时使 U_d 逐渐减小，为了适应负载的额定电压需要，调节 $U_d=220$ V，此时闭环调节结束。

d. 测量限幅电压值，大约为 5 V，反馈电压大约为 8 V，$U_g=0\sim10$ V，$U_d=0\sim220$ V。

（4）整定各种保护电路。

①过电流值的整定值调节。

a. 将图 2－26 所示电位器 R_{P4} 值设定为 6～7 V。

b. 调节面板上的给定电位器，使 U_d＝220 V，增加负载（调节电阻器），增大负载电流，直到使 I_d＝1.5I_N。

c. 调节图 2－26 所示的过电流电位器 R_{P4}，使保护电路动作，故障指示灯亮。此时 R_{P4} 就是整定值。

②截止负反馈值整定。

a. 将图 2－26 所示的截流电位器 R_{P3} 调节到最大。

b. 调节图 2－26 所示的电位器 R_{P5}，使设定值为 6～7 V。

c. 调节面板上的给定电位器，使 U_d＝220 V。

d. 增加负载（调节电阻器）、增大负载电流，直到使 I_d＝1.5I_N。

e. 调节图 2－26 所示的截流电位器 R_{P3}，电压表值开始减小，再增加负载，此时负载电流不变，电压表指示值却在下降，调整完毕。

三、任务内容和评分标准

任务内容和评分标准如表 2－8 所示。

表 2－8　任务内容和评分标准

序号	任务内容	评分标准		配分	扣分	得分
1	直流调速系统工作原理	电路原理分析不正确，每处扣 5 分		20		
2	单闭环调节直流调速系统电路板操作	操作不正确，每项扣 5 分		40		
3	单闭环调节直流调速系统电路板参数测量与整定	参数测量与整定错误，每处扣 5 分		30		
4	安全、文明生产	每违反一项扣 5 分		10		
5	工时	4 h				
6	备注		合计			
			教师签字	年　　月　　日		

【任务总结】

通过学习工作原理和实践操作闭环直流调速系统电路板，掌握直流调速系统组成部分，了解每部分的作用，并进一步增强通过实验验证工作原理的能力。

项目评价

直流电动机调速项目评价细则如表 2－9 所示。

表 2－9　直流电动机调速项目评价细则

班级			姓名		同组姓名			
开始时间			结束时间					
序号	考核项目	考核要求	分值	评分标准		自评	互评	师评
1	学习准备（15 分）	资料准备	5	参与资料收集、整理，自主学习				
		计划制订	5	能初步制订计划				
		小组分工	5	分工合理，协调有序				
2	学习过程（50 分）	检测元器件	5	正确得分，否则酌情扣分				
		安装元器件	5	正确得分，否则酌情扣分				
		布线工艺	10	正确得分，否则酌情扣分				
		自检过程	5	符合要求得分，否则扣分				
		调试过程	10	符合功能要求得分，否则扣分				
		排故过程	5	排除故障得分，否则扣分				
		操作熟练程度	10	操作熟练得分，否则酌情扣分				
3	学习拓展（15 分）	知识迁移	5	能实现前后知识的迁移				
		应变能力	5	能举一反三，提出改进建议或方案				
		创新程度	5	有创新性建议提出				
4	学习态度（20 分）	主动程度	5	自主学习，主动性强				
		合作意识	5	协作学习，能与同伴团结合作				
		严谨细致	5	认真仔细，不出差错				
		问题研究	5	能在实践中发现问题，并用理论知识解释实践中的问题				
教师签字			总分					

项目作业

一、填空题

1. 直流电动机是实现（　　　）能和（　　　）能相互转换的电气设备。
2. 直流电动机的主磁极由（　　　）和（　　　）组成，可以有 对、两对或多对，其作用是（　　　）。
3. 直流电动机的主要优点是（　　　）和（　　　）好、过载能力大，因此应用于对起动和调速性能要求较高的生产机械。
4. 换向磁极被装在（　　　）之间，换向磁极绕组产生的电动势方向与电枢反应电动势的方向（　　　）。

二、选择题

1. 单叠绕组的直流电动机，并联支路对数恒等于（　　）。

A. 2　　B. 1　　C. a　　D. p

2. 三相交流异步电动机转子旋转是由（　　）拖动而转动的。

A. 电流　　B. 电压　　C. 输入功率　　D. 电磁转矩

3. 直流电动机换向磁极线圈中流过的电流是（　　）电流。

A. 直流　　B. 交流　　C. 励磁　　D. 转子

4. 直流电动机串电阻的人为机械特性比固有机械特性（　　）。

A. 软　　B. 相同　　C. 硬

三、简答题

1. 直流电动机的主要结构有哪些，有何作用？其用什么材料制成，为什么？
2. 简述直流电动机的主要结构部件及作用，并简述直流电动机的基本工作原理。
3. 为什么直流电动机不能直接起动，其起动的方法是什么？
4. 为什么要对生产机械进行调速？

项目三　伺服电动机的控制与调速技术

项目需求

了解交流伺服电动机的结构与工作原理；了解交流伺服电动机控制与调速的技术。

项目工作场景

控制电机是在普通旋转电机的基础上发展起来的，其基本原理与普通旋转电机并无本质区别。不过，普通旋转电机的主要任务是完成能量的转换，使用者对它们的要求主要是提高效率等经济指标以及起动和调速等性能。控制电机的主要任务是完成控制信号的传递和转换。

控制电机的使用场合不同，用途不一样，对其性能指标要求也不一样。控制电机主要用于自动控制系统和计算装置中，着重于特性的精度和对控制信号的快速响应等。

控制电机输出功率较小，一般从数百毫瓦到数百瓦，但在大功率的自动控制系统中，控制电机的输出功率可达数十千瓦。控制电机已成为现代工业自动化系统、现代科学技术和现代军事装备中必不可少的重要设备。它的使用范围非常广泛，如机床加工过程的自动控制和自动显示，阀门的遥控，火炮和雷达的自动定位，舰船方向舵的自动操纵，飞机的自动驾驶，遥远目标位置的显示以及电子计算机、自动记录仪表、医疗设备、录音、录像、摄影等方面的自动控制系统。

本项目主要通过 PLC 对步进电动机进行控制，要学生掌握伺服电动机、步进电动机的控制方式，帮助他们理解和掌握各控制模式下的伺服电动机、步进电动机的运行特点与方法。

方案设计

任务 1　直流伺服电动机控制与调速技术

了解直流伺服电动机的结构与工作原理；了解直流伺服电动机的控制方式和运行特性。

任务 2　交流伺服电动机控制与调速技术

了解交流伺服电动机的结构与工作原理；了解交流伺服电动机的控制方式和运行特性。

任务 3　PLC 实现交流伺服电动机调速应用实例。

相关知识和技能

“伺服系统”是指执行机构按照控制信号的要求而动作，即控制信号到来之前，被控对象静止不动；接收到控制信号后，被控对象则按要求动作；控制信号消失之后，被控对象应自行停止。

伺服系统是具有反馈的闭环自动控制系统，由检测部分、误差放大部分、执行部分及被控对象组成，一般具有以下特点：

（1）精度高。

（2）稳定性好。

（3）响应快速。

（4）调速范围宽。

（5）低速大转矩。

（6）能够频繁地起动、制动以及正反转切换。

伺服系统按照伺服驱动机的不同可分为电气式、液压式和气动式三种；按照功能的不同可分为计量伺服和功率伺服系统，模拟伺服和功率伺服系统，位置伺服、速度伺服和加速度伺服系统等。

电气伺服系统根据电气信号可分为直流伺服系统和交流伺服系统两大类。交流伺服系统又有感应电机伺服系统和永磁同步电机伺服系统两种。

伺服电动机也称为执行电动机，在控制系统中用作执行元件，将电信号转换为轴上的转角或转速，以带动被控对象。

伺服电动机分为交流伺服电动机和直流伺服电动机，其分别如图 3－1 和图 3－2 所示。

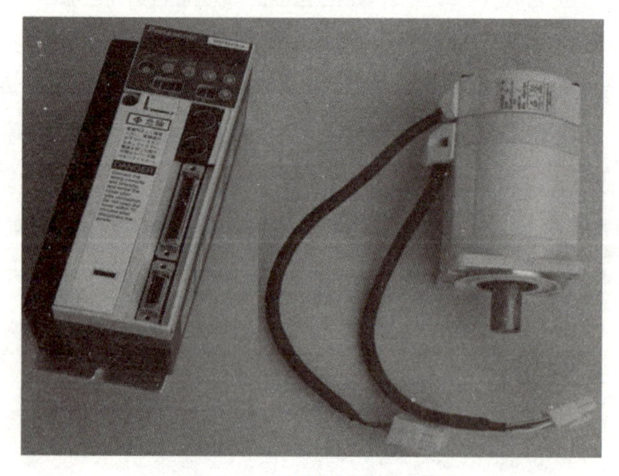

图 3－1　交流伺服电动机

图 3－2　直流伺服电动机

伺服电动机的最大特点：

在有控制信号输入时，伺服电动机就转动；没有控制信号输入时，它就停止转动。改变了控制电压的大小和相位（或极性），就改变了伺服电动机的转速和转向。

伺服电动机与普通电机相比具有以下特点：

（1）调速范围宽广。伺服电动机的转速随控制电压改变，其能在宽广的范围内连续调节。

（2）转子的惯性小，即能实现迅速起动、停转。

（3）控制功率小，过载能力强，可靠性好。

伺服电动机在雷达、卫星通信天线中的应用如图 3 –3 所示。

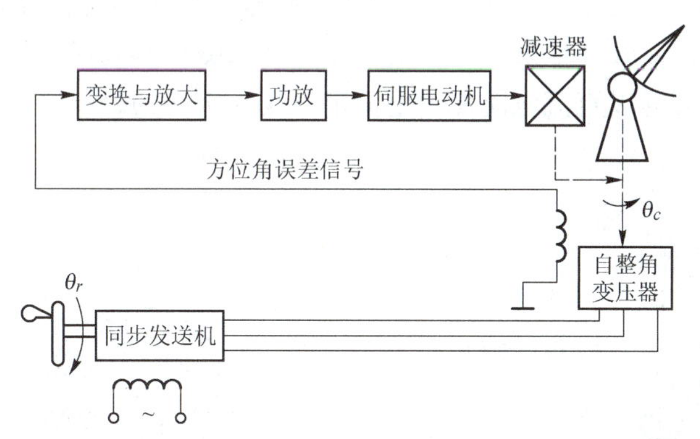

图 3 –3　伺服电动机在雷达、卫星通信天线中的应用

任务 1　直流伺服电动机控制与调速技术

【任务目标】

（1）了解直流伺服电动机的结构与工作原理。

（2）了解直流伺服电动机的控制方式和运行特性。

【任务分析】

本任务要求了解直流伺服电动机的结构与工作原理、控制方式和运行特性，并熟悉其应用场合。

【知识准备】

一、直流伺服电动机的结构与工作原理

直流伺服电动机实质上就是一台他励式直流电动机。直流伺服电动机按定子磁场产生方式可分为永磁式和他励式两种。

在永磁式直流伺服电动机中，磁极采用永磁材料制成，充磁后即可产生恒定磁场。在他励式直流伺服电动机中，磁极由冲压硅钢片叠成，外绕线圈，靠外加励磁电流才能产生磁场。它们的性能相近，由于永磁式直流伺服电动机不需要外加励磁电源，因而在机电一体化

伺服系统中应用较多。

1. 直流伺服电动机的结构

直流伺服电动机的结构主要包括以下三大部分。

1）定子

图3-4所示为定子结构。定子磁场由定子的磁极产生。根据产生磁场方式的不同，直流伺服电动机可分为永磁式和他激式。永磁式磁极由永磁材料制成，他激式磁极由冲压硅钢片叠压而成，外绕线圈通以直流电流便产生恒定磁场。定子的磁路结构如图3-5所示。

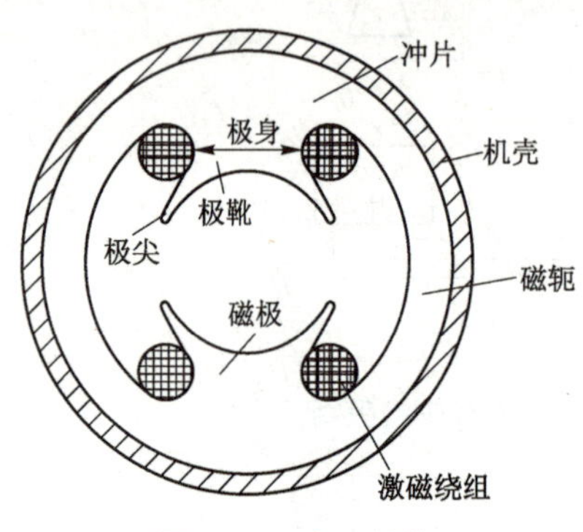

图3-4　定子结构

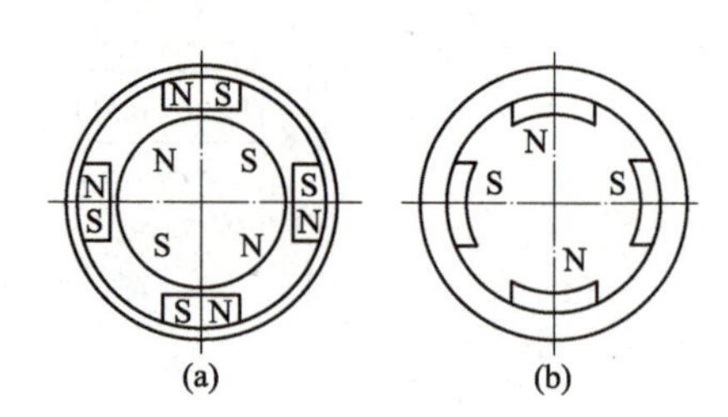

图3-5　定子的磁路结构

（a）非导磁材料；（b）导磁材料

2）转子

转子由硅钢片叠压而成，表面嵌有线圈，通以直流电时，在定子磁场作用下产生带动负载旋转的电磁转矩。图3-6所示为转子铁芯冲片，图3-7所示为转子铁芯和绕组。

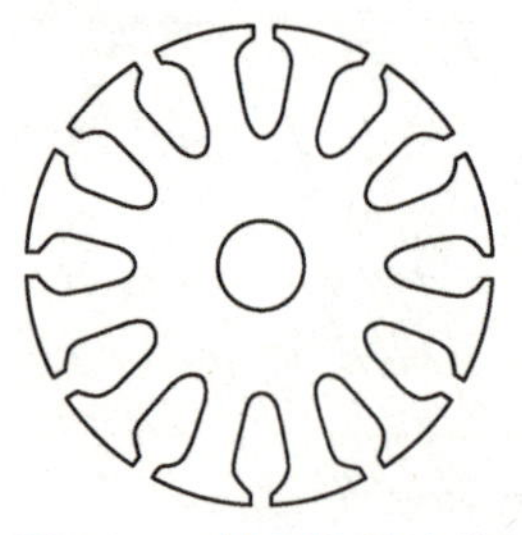

图3-6　转子铁芯冲片

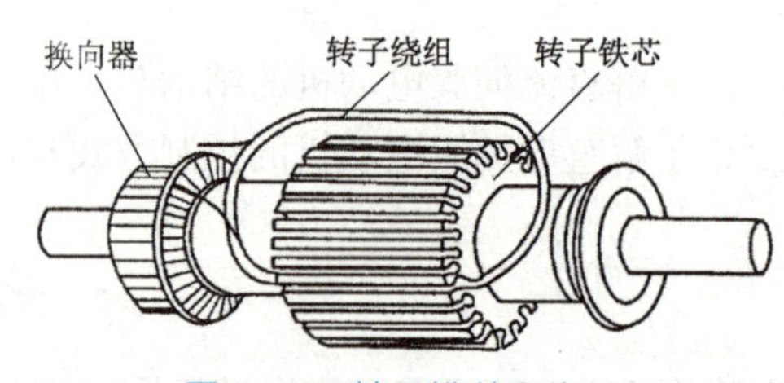

图3-7　转子铁芯和绕组

3）电刷与换向片

为使所产生的电磁转矩保持恒定方向，转子沿固定方向均匀地连续旋转，将电刷与外加直流电源相接，换向片与转子导体相接。图3-8所示为塑料换向器。

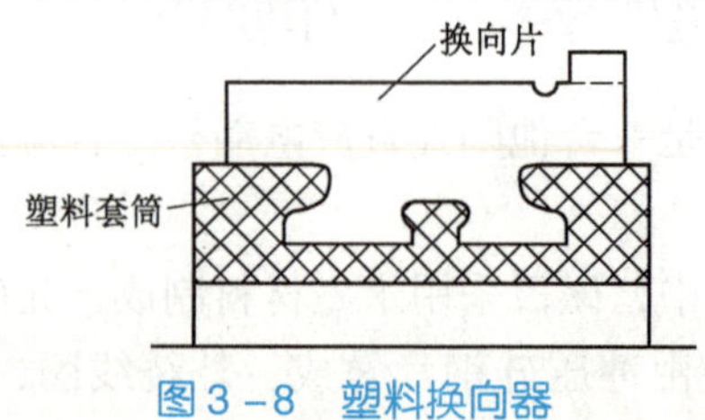

图3-8　塑料换向器

换向片和电源固定连接，线圈无论怎样转动，总是上半边的电流方向向里，下半边的电流方向向外。电刷压在换向片上。换向片将外部的直流电转换成内部的交流电，以保持转矩方向不变。直流伺服电动机内部结构及实物如图 3－9 所示。

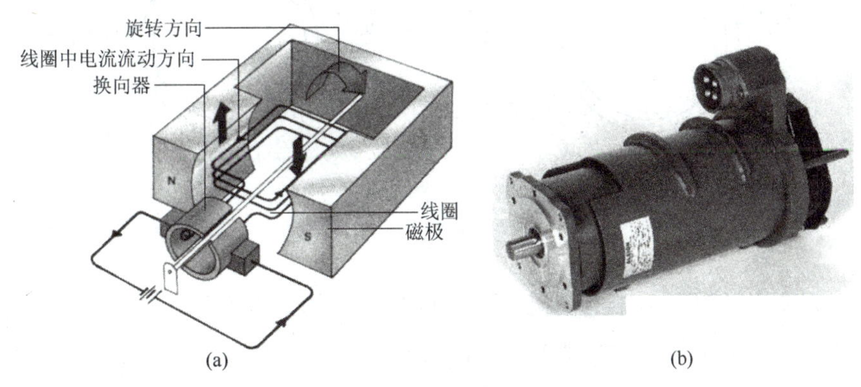

图 3－9　直流伺服电动机

（a）内部结构；（b）实物

2. 直流伺服电动机的工作原理

转矩的方向将使转子逆时针旋转。当转子旋转以后，夹角发生变化，转矩的大小及方向都发生变化，这将使电动机转子来回摆动。定子磁势和转子磁势相互垂直，得到最大转矩，如图 3－10 所示。

转子有 5 个线圈，每个线圈产生的磁势矢量相加得到合成磁势。如图 3－11 所示，合成磁势的方向依然随转子旋转而改变。这使电动机力矩变大，力矩的大小及方向改变的问题依然存在。假如我们在转子旋转时，能通过电流换向，始终保证转子几何中性面以上的全部绕组端子为电流流进，下面的绕组端子为电流流出，就能保证转子合成磁势的方向不变，且与定子磁势垂直。这项工作是由换向机构完成的。

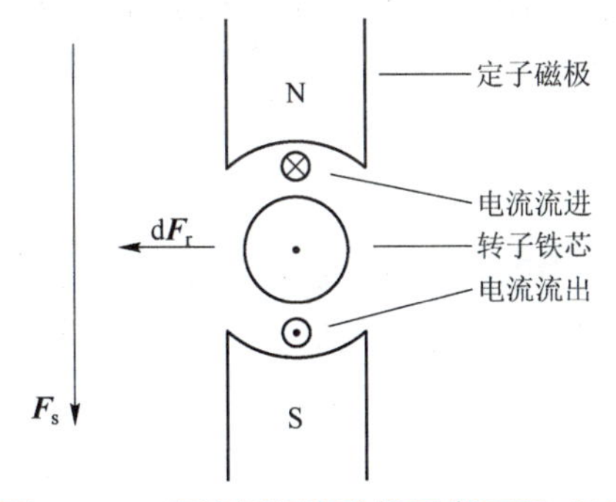

图 3－10　直流伺服电动机工作原理（1）

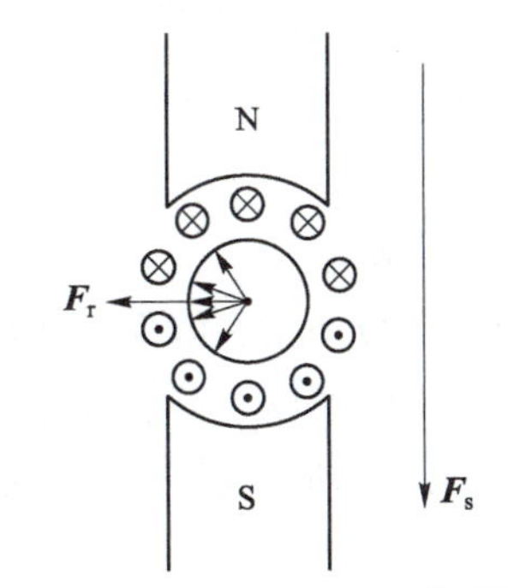

图 3－11　直流伺服电动机工作原理（2）

由于换向片和电刷的作用，当转子旋转时，每个经过电刷绕组的电流方向都被自动改变，转子的合成磁势维持方向不变（图 3－12），这保证了在转子旋转时定子磁势和转子磁势的方向总是相互垂直。

由于换向片的数目是有限的，所以转子磁势的方向会有微小的变化，这将导致力矩的波动。

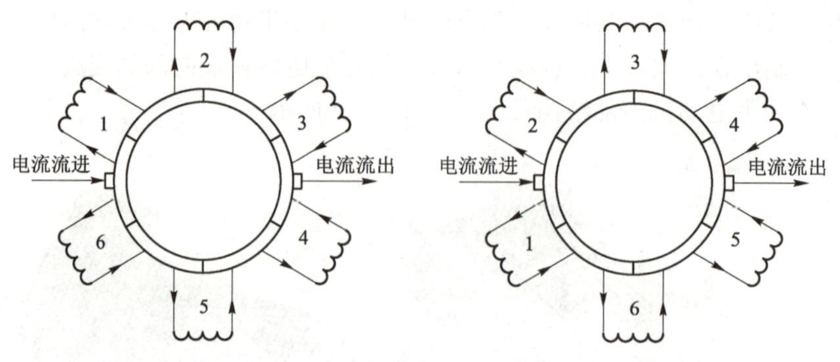

图 3-12　直流伺服电动机工作原理（3）

当电动机高速旋转时，由于电动机转子和负载惯量的平滑作用，这个影响可以被忽略。但当电动机在低速状态工作时，可能会产生问题。如果产生问题，则可通过增加绕组、换向片或定子的极对数解决这个问题。

传统直流伺服电动机和直流电动机的工作原理、结构和基本特征没有本质区别，但是其在结构和性能上做了一些改进，具有以下特点：

（1）采用细长的结构以便降低转动惯量，其惯量是普通直流电动机的 1/3～1/2。

（2）具有优良的换向性能，在大的峰值电流冲击之下仍能确保良好的换向条件，因此具有大的瞬时电流和瞬时转矩。

（3）机械强度高，能够承受巨大的加速度造成的冲击力作用。

（4）电刷一般都被安放在几何中型面上，以确保正反转特性对称。

二、直流伺服电动机的控制方式和运行特性

1. 直流伺服电动机的控制方式

直流伺服电动机的控制方式有两种：一种是转子控制，把控制信号作为转子电压来控制电动机的转速；另一种是磁场控制，把控制信号加在励磁绕组上，通过控制磁通来控制电动机的转速。

1）转子控制

励磁磁通保持不变，改变转子绕组的控制电压。当电动机的负载转矩不变时，升高转子电压，电动机的转速就升高；反之，转速就降低。转子电压等于零时，电动机不转。转子电压改变极性时，电动机反转。转子控制原理如图 3-13 所示。

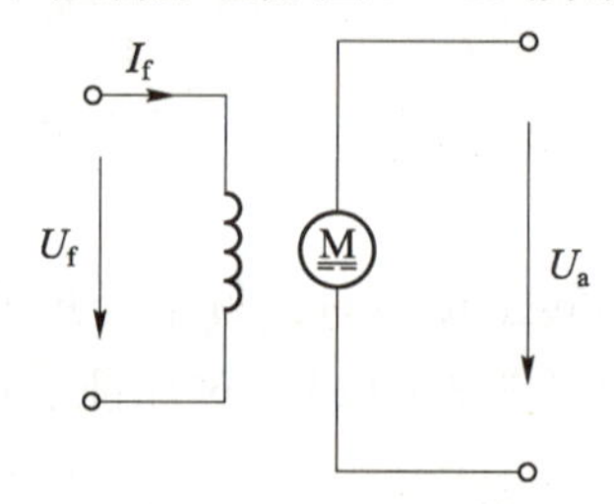

图 3-13　转子控制原理

电动机转速 n 的计算公式如下：

$$n=\frac{U_a-I_aR_a}{C_e\Phi}$$

式中　n——转速，r/min；

U_a——转子电压，V；

I_a——转子电流，A；

R_a——转子回路总电阻，Ω；

Φ——励磁磁通，Wb；

C_e——由电动机结构决定的电动势常数。

2）磁场控制

转子绕组电压保持不变，改变励磁回路的电压。若电动机的负载转矩不变，当升高励磁电压时，励磁电流增加，主磁通增加，电动机转速就降低；反之转速升高。改变励磁电压的极性，电动机转向随之改变。

尽管磁场控制也可达到控制转速大小和旋转方向的目的，但励磁电流和主磁通之间是非线性关系，且随着励磁电压的减小，其机械特性变软，调节特性也是非线性的，故这种控制方法很少被采用。

2. 直流伺服电动机的运行特性

直流伺服电动机的运行特性包括机械特性和调节特性。

1）机械特性

机械特性是指转子电压等于常数时，转速与电磁转矩之间的函数关系，即

$$U_a=c,\ n=f\ (T)$$

把 $T=C_T\Phi I_a$ 代入式 $n=\frac{U_a-I_aR_a}{C_e\Phi}$，得

$$n=\frac{U_a}{C_e\Phi}-\frac{TR_a}{C_eC_T\Phi^2}=n_0-kT$$

式中　n_0——$\frac{U_a}{C_e\Phi}$，为理想空载转速，r/min；

k——$\frac{R_a}{C_eC_T\Phi^2}$，为直线的斜率。

由 $n=\frac{U_a}{C_e\Phi}-\frac{TR_a}{C_eC_T\Phi^2}=n_0-kT$ 可以看出，机械特性为一直线，如图 3－14 所示。

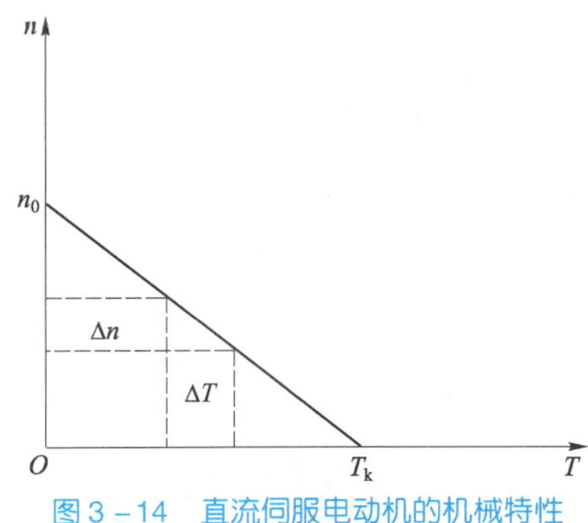

图 3－14　直流伺服电动机的机械特性

（1）n_0、T_k、k 的物理意义。

理想空载转速 n_0：n_0 是电磁转矩 $T=0$ 时的转速，由于空载时 $T=T_0$，电动机的空载转速低于理想空载转速。

堵转转矩 T_k：T_k 是转速 $n=0$ 时的电磁转矩。

机械特性直线的斜率 k：$k=\dfrac{\Delta n}{\Delta T'}$转速公式中斜率 k 前面的负号表示直线是下倾的。斜率 k 的大小直接表示电动机电磁转矩变化所引起的转速变化程度。斜率 k 大，转矩变化时转速变化大，机械特性软；反之，斜率 k 小，机械特性硬。

（2）转子电压对机械特性的影响。

n_0和 T_k 都与转子电压成正比，而斜率 k 则与转子电压无关。对应于不同的转子电压可以得到一组相互平行的机械特性曲线，如图 3－15 所示。

$$n=\frac{U_a}{C_e\Phi}-\frac{TR_a}{C_eC_T\Phi^2}=n_0-kT$$

直流伺服电动机由放大器供电时，放大器可以等效为一个电动势源与其内阻串联，如图 3－16所示。内阻使直流伺服电动机的机械特性变软。

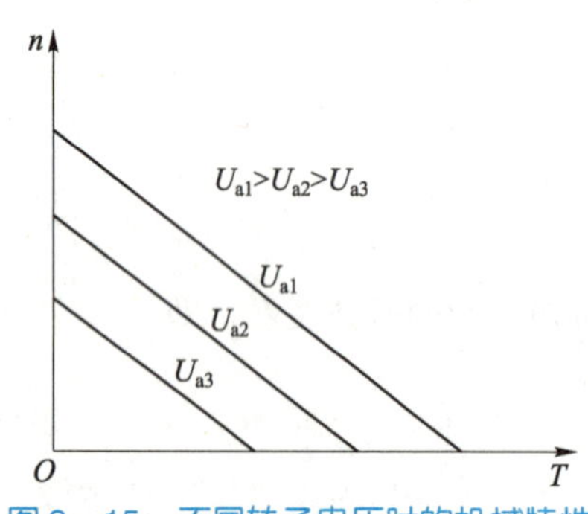

图 3－15　不同转子电压时的机械特性

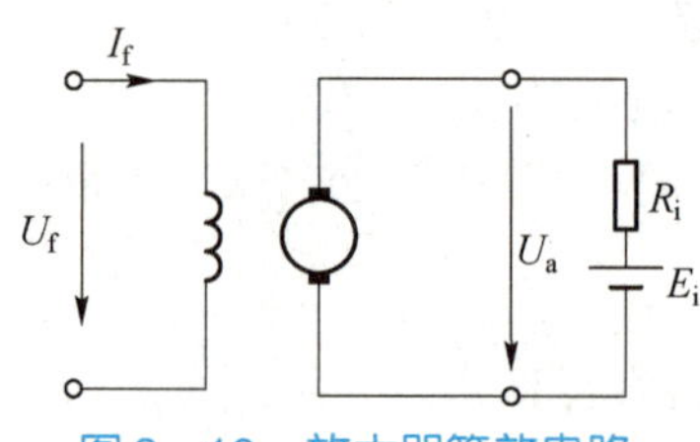

图 3－16　放大器等效电路

2）调节特性

调节特性是指负载转矩不变时，电动机转速与转子电压之间的函数关系，即当 $T=T_s=T_L+T_0=c$ 时，由

$$n=f\ (U_a)$$

$$n=\frac{U_a}{C_e\Phi}-\frac{TR_a}{C_eC_T\Phi^2}$$

得

$$n=\frac{U_a}{C_e\Phi}-\frac{T_sR_a}{C_eC_T\Phi^2}=k_1U_a-A$$

式中　k_1——$\dfrac{1}{C_e\Phi}$，为特性曲线的斜率；

A——$\dfrac{T_sR_a}{C_eC_T\Phi^2}$，为由负载阻转矩决定的常数。

直流伺服电动机的调节特性为一上翘的直线，如图 3－17 所示。

（1）U_{a0}和 k_1 的物理意义。

始动电压 U_{a0}：U_{a0}是电动机处在准备动而又未动的临界状态时的控制电压。

由 $n=\frac{U_a}{C_e\Phi}-\frac{T_sR_a}{C_eC_T\Phi^2}$便可求得当 $n=0$ 时的 $U_a=U_{a0}=\frac{R_a}{C_T\Phi}T_s$，由于 $U_{a0}\propto T_s$，即负载转矩越大，始动电压越高，而且控制电压在 $0\sim U_{a0}$时，电动机不转动，所以把此区域称为电动机的死区。

斜率 k_1：$k_1=\frac{1}{C_e\Phi}$是由电动机本身参数决定的常数，与负载无关。

（2）总阻转矩对调节特性的影响

总阻转矩 T_s 变化时，$U_{a0}\propto T_s$，斜率 k_1 保持不变。因此对应于不同的总阻转矩 T_{s1}，T_{s2}，T_{s3}，…，可以得到一组相互平行的调节特性，如图 3－18 所示。

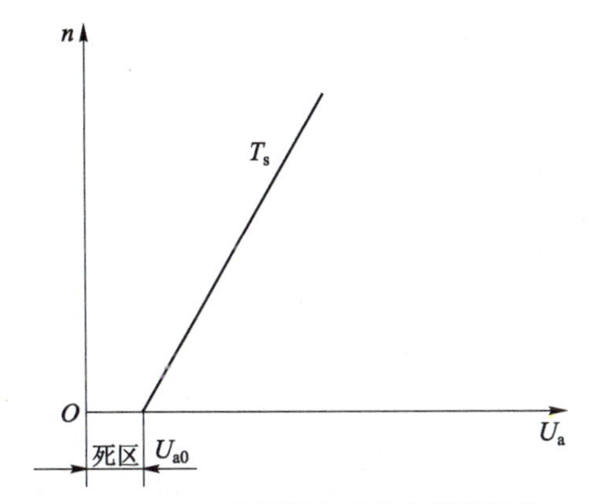

图 3－17　直流伺服电动机的调节特性

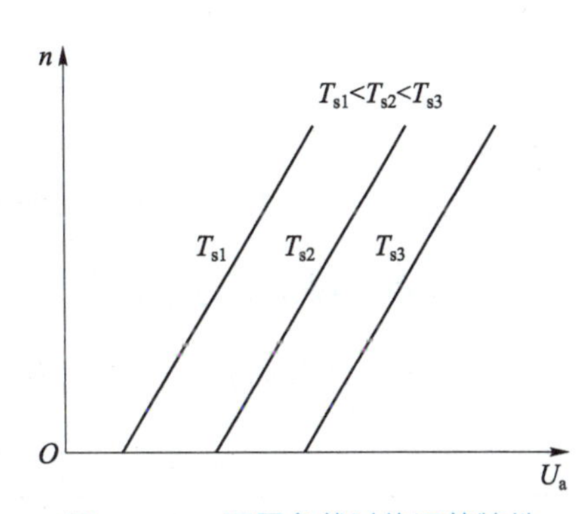

图 3－18　不同负载时的调节特性

3）直流伺服电动机低速运转的不稳定性

当电动机转速很低时，转速就不均匀，出现时快、时慢，甚至暂时停一下的现象，这种现象被称为直流伺服电动机低速运转的不稳定性。

（1）低速运转不稳定的原因。

①转子槽的影响：低速时，反电动势的平均值很小，因而转子槽效应等对电动势脉动的影响增大，导致电磁转矩波动比较明显。

②电刷接触压降的影响：低速时，控制电压很低，电刷和换向器之间的接触压降开始不稳定，影响转子上有效电压的大小，从而导致输出转矩不稳定。

③电刷和换向器之间摩擦的影响：低速时，电刷和换向器之间的摩擦转矩不稳定，造成电动机本身的阻转矩 T_0 不稳定，因而导致总阻转矩不稳定。

（2）解决的措施。

①稳速控制电路：使转速平稳。

②直流力矩电动机：低速稳定性好。

【任务实施】

一、确认直流伺服电动机特性参数

（1）查看电动机铭牌，完成表 3－1。

表 3-1　直流伺服电动机特性参数

电动机参数	电动机 1	电动机 2
电动机型号		
额定功率		
额定转子电压		
额定转子电流		
额定转速		
额定转矩		
励磁方式		

（2）结合实际接线，画出直流伺服电动机控制接线图。

二、任务内容和评分标准

直流伺服电动机任务内容和评分标准如表 3-2 所示。

表 3-2　直流伺服电动机任务内容和评分标准

序号	任务内容	评分标准		配分	扣分	得分
1	查看电动机铭牌，完成相应表格	（1）铭牌登记不正确，每处扣 5 分 （2）漏填、错填数据，每处扣 5 分		40		
2	画出直流伺服电动机控制接线图	（1）画图不正确，每项扣 5 分 （2）缺少接地线，每项扣 5 分		50		
4	安全、文明生产	每违反一项扣 5 分		10		
5	工时	2 h				
6	备注		合计			
			教师签字	年　　月　　日		

【任务总结】

（1）直流伺服电动机，包括定子、转子铁芯、电动机转轴、伺服电动机绕组换向器、伺服电动机绕组、测速电动机绕组、测速电动机换向器，所述的转子铁芯由矽钢冲片叠压固定在电动机转轴上构成。

（2）驱动原理：伺服主要靠脉冲来定位，从而实现精确定位，其精度可以达到 0.001 mm。

（3）分类：直流伺服电动机分为有刷和无刷电动机。

有刷直流伺服电动机成本低，结构简单，起动转矩大，调速范围宽，控制容易，需要维护但维护方便（换碳刷），会产生电磁干扰，对环境有要求，因此它可以用于对成本敏感的普通工业和民用场合。

无刷直流伺服电动机体积小，重量轻，出力大，响应快，速度高，惯量小，转动平滑，力矩稳定；容易实现智能化，其电子换相方式灵活，可以方波换相或正弦波换相；免维护，不存在碳刷损耗的情况，效率很高，运行温度低，噪声小，电磁辐射很小，寿命长，可用于各种环境。

（4）常见用途。

①各类数字控制系统中的执行机构驱动。

②需要精确控制恒定转速或需要精确控制转速变化曲线的动力驱动。

任务2　交流伺服电动机控制与调速技术

【任务目标】

（1）了解交流伺服电动机的结构与工作原理。

（2）了解交流伺服电动机的控制方式和运行特性。

【任务分析】

本任务要求了解交流伺服电动机的结构与工作原理、控制方式和运行特性，熟悉其应用场合。

【知识准备】

一、交流伺服电动机的结构与工作原理

1. 交流伺服电动机的结构

交流伺服电动机在结构上为一两相感应电动机，其定子两相绕组在空间电角度相距90°，它们可以有相同或不同的匝数。定子绕组的一相作为励磁绕组，运行时接到电压为 U_f 的交流电源上，另一相作为控制绕组，输入控制电压 U_k。电压 U_k 与 U_f 同频率，一般采用50 Hz或400 Hz。

常用的转子结构有两种形式：一种为笼型转子，如图3－19所示。这种转子结构与普通笼型感应电动机一样，但为了减小转子的转动惯量而被做成细而长的结构。导条及端环可用具有高电阻率的导电材料（青铜、黄铜等）制成，也可用铸铝转子制成。国产的SL系列就采用这种结构形式。

另一种为非磁性空心杯转子，如图3－20所示，这种结构的电动机中除了和一般感应电动机有一样的定子外，还有一个内定子。外定子铁芯槽中放置空间相距90°电角度的两相分布绕组。内定子铁芯中不放绕组，仅作为磁路的一部分，以减小主磁通磁路的磁阻。空心杯转子用非磁性铝或铝合金制成，被放在内、外定子铁芯之间，并被固定在转轴上。

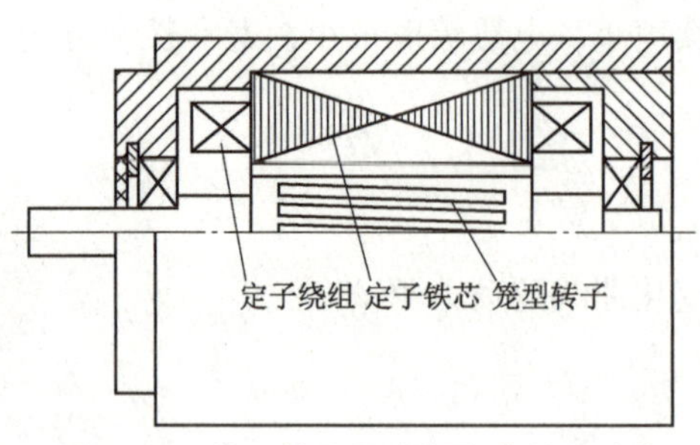

图 3－19　笼型转子异步伺服电动机结构

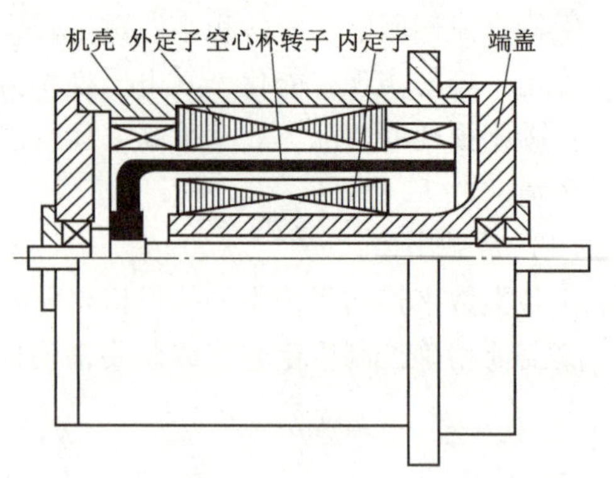

图 3－20　非磁性空心杯转子异步伺服电动机结构

2. 交流伺服电动机的工作原理

交流伺服电动机就是一台两相交流异步电动机。它的定子上装有空间电角度互差 90°的两个绕组，即励磁绕组和控制绕组，其结构如图 3－21 所示。

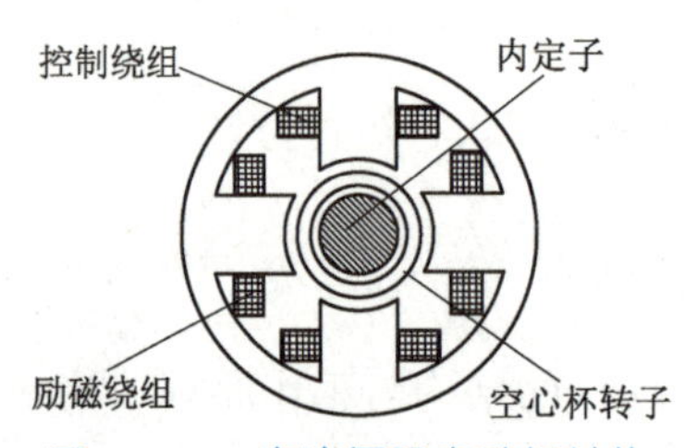

图 3－21　交流伺服电动机结构

交流伺服电动机的工作原理，如图 3－22 所示。励磁绕组串联电容 C，产生两相旋转磁场。适当选择电容的大小，可使通入两个绕组的电流相位差接近 90°，从而产生所需的旋转磁场。控制电压 U_2 与电源电压 U 频率相同，相位为同相或反相。

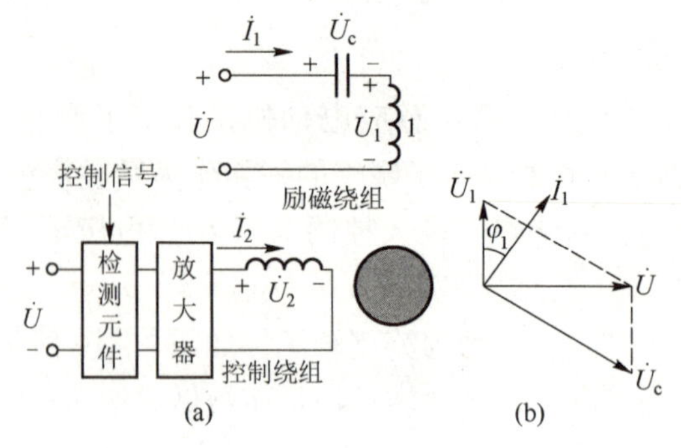

图 3－22　交流伺服电动机的工作原理

(a) 接线图；(b) 相量图

交流伺服电动机的工作原理与单相异步电动机有相似之处。励磁绕组被固定接在电源上，当控制电压为零时，电动机无起动转矩，转子不转。

若控制绕组无控制信号，只有励磁绕组中有励磁电流，则气隙中形成的是单相脉振磁动

势，它可以分解为正、负序两个圆形旋转磁动势，且其大小相等，转速相同，转向相反。所建立的正序旋转磁场对转子起拖动作用，产生拖动转矩 T_+；负序旋转磁场对转子起制动作用，产生制动转矩 T_-，当电动机处于静止时，转率差 $s=1$，$T_+=T_-$，合成转矩 $T=0$，交流伺服电动机转子不会转动。

若控制绕组有信号电压，一般情况下，两相绕组中电流产生的磁动势是不对称的，则电动机内部建立起椭圆形旋转磁场。一个椭圆形旋转磁场分解为两个速度相等、转向相反的圆形旋转磁场，但它们大小不等，因此转子上的两个电磁转矩也大小不等、方向相反，合成转矩不为零，这样转子就不再保持静止状态，而随着正转磁场的方向转动起来。

两相交流伺服电动机在转子转动后，当控制信号电压 U 消失时，按照可控性的要求，交流伺服电动机应立即停转，但此时电动机内部建立的是单相脉振磁场，根据单相异步电动机的工作原理，电动机将继续旋转，这种现象被称为自转。

自转现象在自动控制系统中是不被允许存在的，解决的办法是增大转子电阻。

一般异步电动机的机械特性如图 3－23 所示。图 3－23 中曲线 1 表示，它仅在转差率 s 从 0 到 s_m 这一区间稳定运行，因 s_m 为 0.1～0.2，所以电动机的转速可调范围很小。

如果增大转子电阻，使其产生最大转矩的转差率 $s_m \geq 1$，则电动机的机械特性如图 3－23中曲线 2 所示，电动机在转速由零到同步转速的全部范围内均能稳定运行。

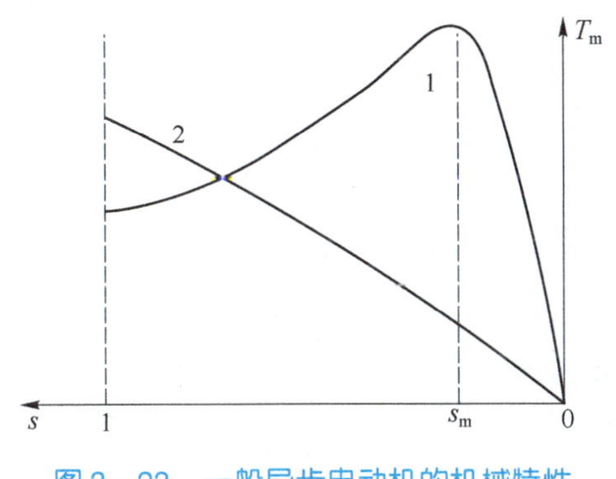

图 3－23　一般异步电动机的机械特性

由图 3－23 所示曲线可知，随着转子电阻增大，机械特性更接近线性关系。因此，为了使两相交流伺服电动机达到调速范围大和机械特性线性的要求，就必须使其转子具有足够大的电阻值。

二、交流伺服电动机的控制方式和运行特性

1. 交流伺服电动机的控制方式

1）幅值控制

如图 3－24 所示，调节控制电压的大小以改变电动机的转速，而控制电压 $\dot{U}_K$ 与励磁电压 $\dot{U}_f$ 之间的相位角保持 90°电角度。通常 $\dot{U}_K$ 滞后于 $\dot{U}_f$，当控制电压 $U_K=0$ 时，电动机停转，即 $n=0$。

2）相位控制

调节控制电压的相位（即调节控制电压与励磁电压之间的相位角β）以改变电动机的转速，而控制电压的幅值保持不变。当$\beta=0$时，电动机停转。

3）幅值—相位控制（或称电容移相控制）

如图3－25所示，在励磁绕组上仍外施励磁电压$\dot{U}_f=\dot{U}_1-\dot{U}_{Ca}$，在控制绕组上仍外施控制电压$\dot{U}_K$，而$\dot{U}_K$的相位始终与$\dot{U}_1$同相。当调节控制电压$\dot{U}_K$的幅值以改变电动机的转速时，励磁绕组的电流$\dot{I}_f$也发生变化，从而使励磁绕组的电压$\dot{U}_f$及电容$C$上的电压$\dot{U}_{Ca}$也随之改变。这就是说，电压$\dot{U}_K$及$\dot{U}_f$的大小及它们之间的相位角$\beta$也都随之改变。所以这是一种幅值和相位的复合控制方式。若控制电压$\dot{U}_K=0$，则电动机停转。

这种控制方式是利用串联电容器来分相的，它不需要复杂的移相装置，所以设备简单、成本较低，是最常用的一种控制方式。

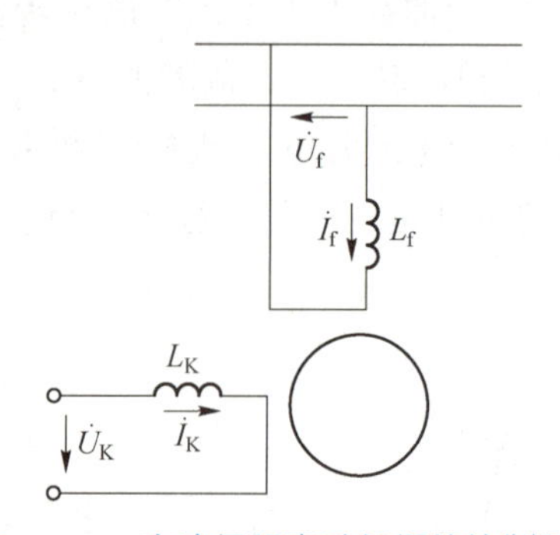

图3－24　交流伺服电动机幅值控制原理

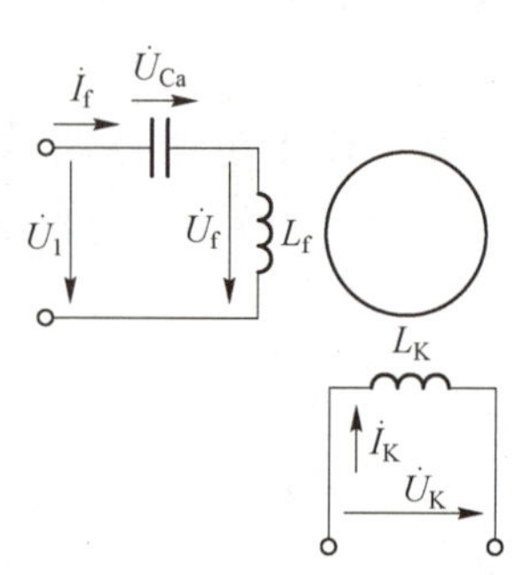

图3－25　幅值—相位控制原理

2. 交流伺服电动机的运行特性

1）机械特性

机械特性是控制电压$\dot{U}_K$不变时，电磁转矩与转速的关系。如图3－26所示，m为输出转矩对起动转矩的相对值，v为转速对同步转速的相对值。

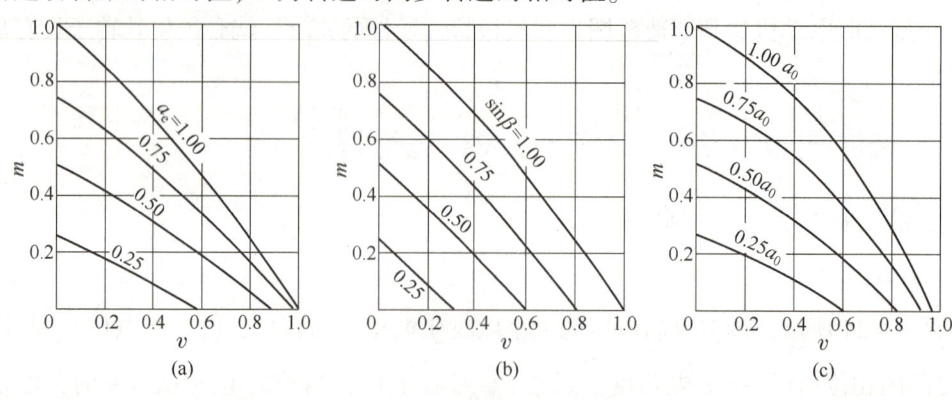

图3－26　三种控制方式的机械特性

（a）幅值控制；（b）相位控制；（c）幅值—相位控制

从机械特性可以看出，不论哪种控制方式，控制电信号越小，机械特性就越下移，理想空载转速也随之减小。

2）调节特性

两相交流伺服电动机的调节特性是指电磁转矩不变时，转速随控制电压变化的关系。如图3－27所示，两相交流伺服电动机在三种不同控制方式下的调节特性都不是线性关系，只在转速标幺值较小和信号系数不大范围内才接近于线性关系。相位控制时调节特性的线性度较好。

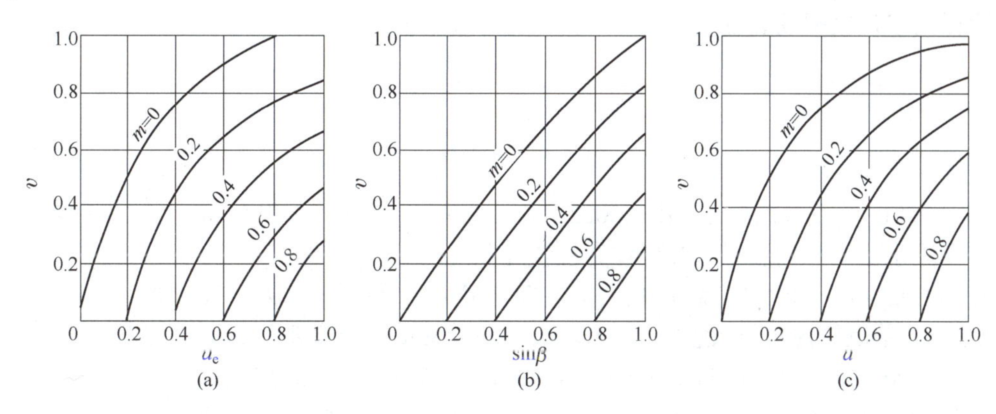

图3－27　三种控制方式的调节特性

（a）幅值控制；（b）相位控制；（c）幅值—相位控制

（1）机械特性。交流伺服电动机的机械特性是非线性的，电容移相时机械特性非线性程度更加严重，而且机械特性的斜率是随着控制电压的不同而变化的，机械特性很软，转矩的变化对转速的影响很大，尤其低速段更是如此。机械特性软会削弱内阻能力（即阻尼系数减小），增大常数时，因而降低系统的品质，而机械特性斜率的变化，会给系统的稳定和校正带来困难。

（2）体积、质量和效率。为了满足控制系统对电动机的要求，交流伺服电动机转子电阻就得相当大，这样耗损大、效率低、电动机利用程度差，而且电动机通常是运行在椭圆磁场的情况下，负序磁场产生的制动转矩使电动机的有效转矩减小。交流伺服电动机只适用于小功率系统，而对于功率较大的控制系统，则普遍采用直流伺服电动机。

（3）“自转”现象。直流伺服电动机无自转现象，而交流伺服电动机若参数选择不适当或制造工艺不良，在单相状态下会产生自转现象。

（4）结构。交流伺服电动机结构简单、运行可靠、维护方便，适宜在不易检修的场合使用。直流伺服电动机由于有电刷和换向器，因而结构复杂、制造麻烦。电刷与换向器之间存在滑动接触，电刷的接触电阻也不稳定，这些都会影响到电动机的稳定运行。

（5）放大器装置。直流伺服电动机的控制绕组通常是由放大器供电的，而直流放大器有“零点漂移”现象，这将影响到系统的工作精度和稳定性。

【任务实施】

一、工具、仪表及电气元件

（1）工具：测试笔、螺钉旋具、斜口钳、尖嘴钳、剥线钳、电工刀等。

（2）仪表：MF47 型万用表、5050 型兆欧表。

（3）电气元件：松下 MHMD022P1U 永磁同步交流伺服电动机，MADDT1207003 全数字交流永磁同步伺服驱动装置。

二、实践操作

1. 松下交流伺服电动机的型号及面板

YL－158G 设备采用松下 MHMD022P1U 永磁同步交流伺服电动机，及 MADDT1207003 全数字交流永磁同步伺服驱动装置作为位置控制。

MHMD022P1U 的含义：MHMD 表示电动机类型为大惯量；02 表示电动机的额定功率为 200 W；2 表示电压规格为 200 V；P 表示编码器为增量式编码器，其脉冲数为 2 500 p/r，分辨率为 10 000，输出信号线数为 5；1 表示设计序号；U 为结构代号。

MADDT1207003 的含义：MADDT 表示松下 A4 系列 A 型驱动器；T1 表示最大瞬时输出电流为 10 A；2 表示电源电压规格为单相 200 V；07 表示电流监测器额定电流为 7.5 A；003 表示脉冲控制专用。伺服驱动器的外观和面板如图 3－28 所示。

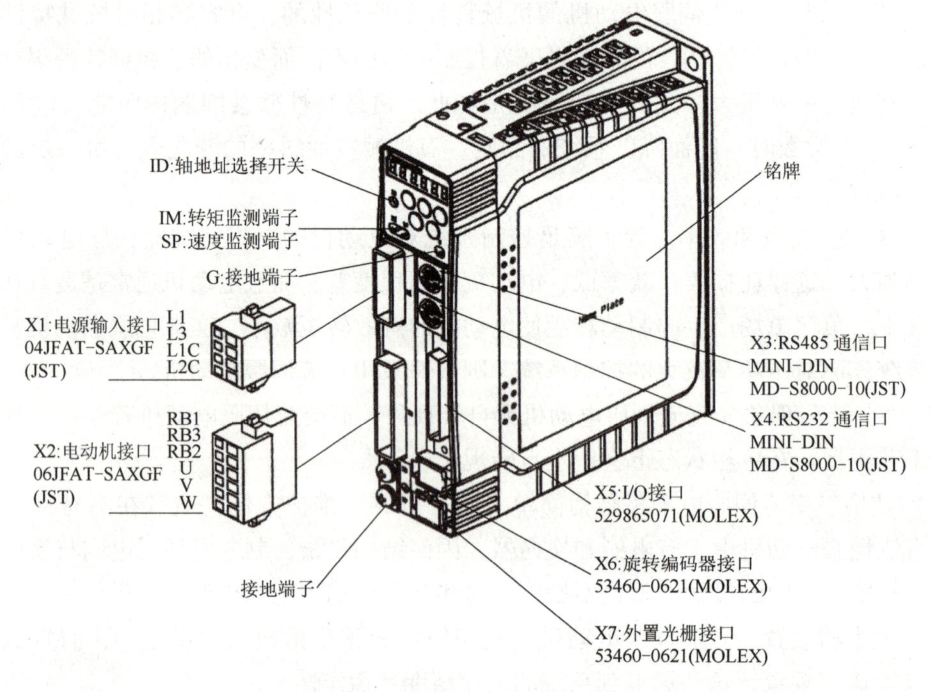

图 3－28　伺服驱动器的外观和面板

2. 接线

MADDT1207003 伺服驱动器面板上有多个接线端口。

X1：电源输入接口。AC220V 电源连接到 L1、L3 主电源端子，同时连接到控制电源端子 L1C、L2C 上。

X2：电动机接口和外置再生放电电阻器接口。U、V、W 端子用于连接电动机。必须注意，电源电压务必按照驱动器铭牌上的指示，电动机接线端子（U、V、W）不可以接地或短路，交流伺服电动机的旋转方向不像感应电动机可以通过交换三相相序来改变，所以必须保证驱动器上的 U、V、W、E 接线端子与电动机主回路接线端子按规定的次序一一对应，否则可能造成驱动器的损坏。电动机的接线端子、驱动器的接地端子以及滤波器的接地端子必须保证被可靠地连接到同一个接地点上，机身也必须接地。RB1、RB2、RB3 端子外接放电电阻，MADDT1207003 的规格为 100 Ω/10 W，YL－158G 没有使用外接放电电阻。

X6：连接到电动机编码器信号接口，连接电缆应选用带有屏蔽层的双绞电缆，屏蔽层应被接到电动机侧的接地端子上，并且应确保将编码器电缆屏蔽层连接到插头的外壳（FG）上。

X5：I/O 控制信号端口。其部分引脚信号定义与选择的控制模式有关，不同模式下的接线请参考《松下 A 系列伺服电机手册》。

3. 伺服驱动器的参数设置与调整

松下的伺服驱动器有七种控制运行方式，即位置控制、速度控制、转矩控制、位置/速度控制、位置/转矩控制、速度/转矩控制、全闭环控制。位置控制方式就是以输入脉冲串来使电动机定位运行，电动机转速与脉冲串频率相关，电动机转动的角度与脉冲个数相关。速度控制方式有两种：一种是通过输入直流 －10 ~ ＋10 V 指令电压调速；二是选用驱动器内设置的内部速度来调速。转矩控制方式是通过输入直流 －10 ~ ＋10 V 指令电压调节电动机的输出转矩，在这种方式下运行时必须进行速度限制，速度限制有两种方法：一种是设置驱动器内的参数来限制速度；另一种是输入模拟量电压限速。

1）参数设置方式说明

MADDT1207003 伺服驱动器的参数共有 128 个：Pr00 ~ Pr7F，可以在驱动器操作面板上对其进行设置。驱动器操作面板上各个按钮的说明如表 3－3 所示。

表 3－3　伺服驱动器操作面板按钮的说明

按钮图示	激活条件	功能
MODE	在模式显示时有效	在以下 5 种模式之间切换： （1）监视器模式。 （2）参数设置模式。 （3）EEPROM 写入模式。 （4）自动调整模式。 （5）辅助功能模式
SET	一直有效	在模式显示和执行显示之间切换
▲ ▼	仅对小数点闪烁的那一位数位有效	改变各模式里的显示内容、更改参数、选择参数或执行选中的操作
◀		把移动的小数点移动到更高数位

2）操作面板说明

（1）设置参数时，先按“SET”键，再按“MODE”键，选择“Pr00”后，再按向上、向下或向左的方向键选择通用参数的项目，按“SET”键进入；按向上、向下或向左的方向键调整参数，调整完后，按“SET”键返回。选择其他项再调整。

（2）保存参数时，按“MODE”键选择“EE - SET”，按“SET”键确认，出现“EEP -”，按向上键3秒钟，出现“FINISH”或“RESET”，然后重新上电即保存。

（3）手动JOG运行，按“MODE”键选择“AF - ACL”，然后按向上、向下键选择“AF - JOG”，按“SET”键一次，显示“JOG -”，然后按向上键3秒显示“ready”，再按向左键3秒钟，出现“sur - on”锁紧轴，按向上、向下键，单击正反转。注意：先将S - ON断开。

三、任务内容和评分标准

任务内容和评分标准如表3 - 4所示。

表3 - 4 任务内容和评分标准

<table>
<tr><th>序号</th><th>任务内容</th><th colspan="2">评分标准</th><th>配分</th><th>扣分</th><th>得分</th></tr>
<tr><td>1</td><td>伺服系统接线</td><td colspan="2">接线不正确，每处扣5分</td><td>20</td><td></td><td></td></tr>
<tr><td>2</td><td>伺服电动机参数设置</td><td colspan="2">参数设置不正确，每项扣5分</td><td>40</td><td></td><td></td></tr>
<tr><td>3</td><td>程序编写和下载调试</td><td colspan="2">程序编写错误，每处扣5分</td><td>30</td><td></td><td></td></tr>
<tr><td>4</td><td>安全、文明生产</td><td colspan="2">每违反一项扣5分</td><td>10</td><td></td><td></td></tr>
<tr><td>5</td><td>工时</td><td colspan="2">4 h</td><td></td><td></td><td></td></tr>
<tr><td rowspan="2">6</td><td rowspan="2">备注</td><td rowspan="2"></td><td>合计</td><td></td><td></td><td></td></tr>
<tr><td>教师签字</td><td colspan="3">年　　月　　日</td></tr>
</table>

【任务总结】

交流伺服电动机在许多性能方面都优于步进电动机。但在一些要求不高的场合也经常用步进电动机来做执行电动机。在控制系统的设计过程中要综合考虑控制要求、成本等多方面的因素，选用适当的控制电动机。

任务3　PLC实现交流伺服电动机调速应用实例

【任务目标】

（1）了解什么是交流伺服。

（2）学会交流伺服电动机的使用方法。

（3）了解并熟悉交流伺服的应用。

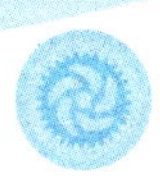

【任务分析】

根据伺服电动机的接线图完成接线，根据项目要求完成伺服电动机参数的设置、PLC 程序的编写与调试。

【知识准备】

一、交流伺服系统的基本结构

交流伺服系统与一般的反馈控制系统一样，也是由控制器、放大器、电动机等组成的。其中控制器可以采用可编程逻辑控制器（Programmable Logic Controller，PLC），放大器为伺服驱动器，电动机为伺服电动机。伺服系统结构如图 3－29 所示。

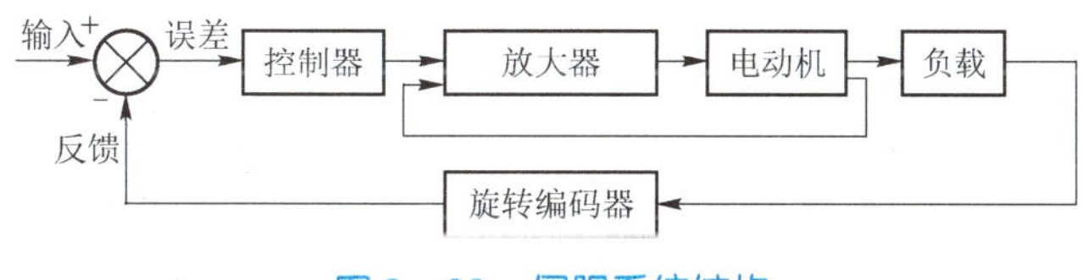

图 3－29　伺服系统结构

二、交流伺服系统的基本原理

交流伺服系统是自动控制系统的一类，它的输出变量通常是机械或位置的运动，它的根本任务是实现执行机构对给定指令的准确跟踪，即实现输出变量的某种状态能够自动、连续、精确地复现输入指令信号的变化规律。如图 3－29 所示，将输入信号给控制器 PLC 后，PLC 发送命令（如脉冲个数、固定频率的脉冲等）给伺服驱动器，伺服驱动器驱动伺服电动机按命令执行，通过旋转编码器反馈伺服电动机的执行情况，与接收到的命令进行对比，并在内部进行调整，使其与接收到的命令一致，从而实现精确定位。而负载的运动情况（位置、速度等）通过相应传感器反馈到控制器输入端，与输入命令进行比较，实现闭环控制。当然，交流伺服系统也可以是半闭环控制。

伺服驱动器是整个伺服系统的核心，其集先进的控制技术和控制策略为一体，使其非常适用于高精度、高性能要求的伺服驱动领域。交流永磁同步伺服驱动器主要由伺服控制单元、功率驱动单元、通信接口单元、伺服电动机及相应的反馈检测器件组成，其中伺服控制单元包括位置控制器、速度控制器和电流控制器等。

目前主流的伺服驱动器均采用数字信号处理器（Digital Signal Processor，DSP）作为控制核心，其优点是可以实现比较复杂的控制算法，还可以实现数字化、网络化和智能化。功率器件通常采用以智能功率模块（Intelligent Power Module，IPM）为核心设计的驱动电路，IPM 内部集成了驱动电路，同时具有过电压、过电流、过热、欠压等故障检测保护电路。其内部结构如图 3－30 所示。

伺服驱动器大体可以划分为功能比较独立的功率板和控制板两个模块。功率板（驱动板）是强电部分，其包括两个单元：一个是功率驱动单元 IPM，用于电动机的驱动；另一个

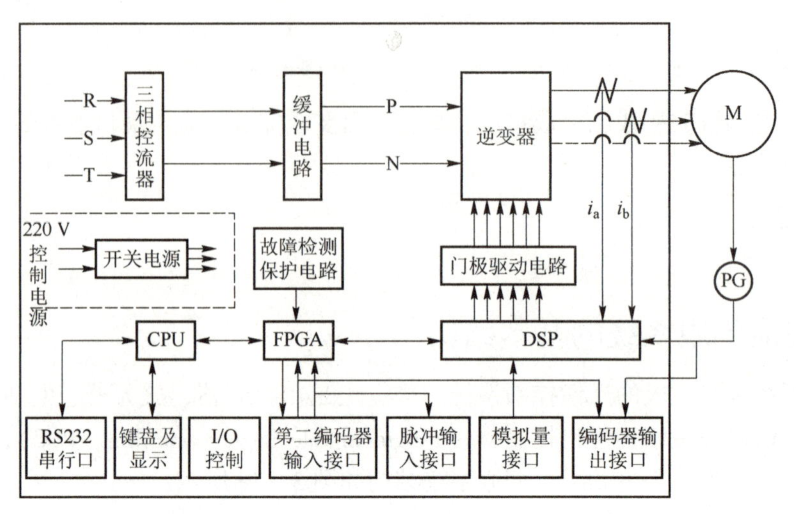

图 3－30　伺服驱动器内部结构

是开关电源单元，为整个系统提供数字和模拟电源。控制板是弱电部分，是电动机的控制核心，也是伺服驱动器技术核心控制算法的运行载体。控制板通过相应的算法输出脉冲宽度调制（Pulse Width Modulation，PWM）信号，作为驱动电路的驱动信号，来改变逆变器的输出功率，以达到控制三相永磁式同步交流伺服电动机的目的。

1. 功率驱动单元

功率变换电路的主要作用是进行能量的转换，将电网的电能转换成能够驱动伺服电动机工作的交流电能，有时还需要将电动机转子动能转换为储能回路的直流电能。功率驱动单元首先通过单相整流电路对输入的交流电或者市电进行整流，得到相应的直流电。经过整流好的交流电或市电，再通过三相正弦 PWM 电压型逆变器变频来驱动三相永磁式同步交流伺服电动机。功率驱动单元动作的整个过程，简单地说就是 AC－DC－AC 的过程。整流单元（AC－DC）主要的拓扑电路是单相全桥不控整流电路。逆变部分（DC－AC）采用的功率器件是集驱动电路、保护电路和功率开关于一体的智能功率模块，主要拓扑结构是三相桥式电路，其触发电路采用空间矢量脉宽调制（Space Vector Pulse Width Modulation，SVPWM）技术，通过改变功率晶体管交替导通的时间来改变逆变器输出波形的频率，改变每半周期内晶体管的通断时间比，也就是说通过改变脉冲宽度来改变逆变器输出电压幅值的大小以达到调节功率的目的。其主电路如图 3－31 所示。

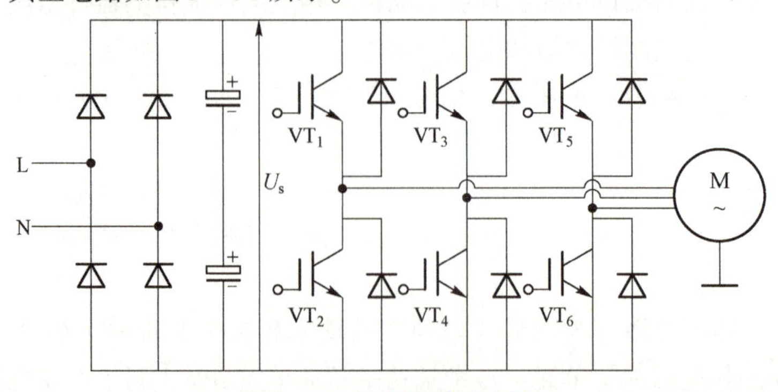

图 3－31　伺服系统主电路

2. 空间矢量脉宽调制（Space Vector Pulse Width Modulation，SVPWM）技术

交流电动机需要输入三相正弦电流的最终目的是在电动机内部形成圆形旋转磁场，从而产生恒定的电磁转矩。针对这一目的，把逆变电路和交流电动机视为一体，按照跟踪圆形旋转磁场来控制逆变电路的工作，这种控制方法称为“磁链跟踪控制”，磁链的轨迹是通过交替使用不同的电压空间矢量得到的，所以又被称为“电压空间矢量脉冲宽度调制”。

SVPWM 技术的基本思路就是通过控制逆变器功率器件的开关模式及导通时间，产生有效电压矢量来逼近圆形磁场轨迹。这种技术利用电压空间矢量直接生成三相 PWM 波，特别适用于 DSP 直接计算，且方法简便。

3. 控制单元

控制单元是整个交流伺服系统的核心，用于实现系统位置控制、速度控制、转矩和电流控制。其所采用的数字信号处理器，除了具有快速的数据处理能力外，还集成了丰富的用于电动机控制的专用集成电路，如 A/D 转换器、PWM 发生器、定时计数器电路、异步通信电路、CAN 总线收发器以及高速可编程静态随机存取存储器和大容量的程序存储器等。伺服驱动器通过采用磁场定向的控制原理（Field Oriented Control，FOC）和坐标变换，实现矢量控制（Vector Control，VC），同时结合正弦波脉宽调制控制模式对电动机进行控制。永磁同步电动机的矢量控制一般通过检测或估计电动机转子磁通的位置和幅值来控制定子电流或电压，这样，电动机的转矩便只和磁通、电流有关，与直流电动机的控制方法相似，可以得到很高的控制性能。对于永磁同步电动机，转子磁通位置与转子机械位置相同，这样通过检测转子的实际位置就可以知道电动机转子的磁通位置，从而使永磁同步电动机的矢量控制比异步电动机的矢量控制有所简化。

由于交流永磁伺服电动机（Permanent Magnet Synchronous Motor，PMSM）采用的是永久磁铁励磁，其磁场可以被视为恒定的，同时其电动机的转速就是同步转速，即其转差率为零。这些条件使得交流伺服驱动器在驱动交流永磁伺服电动机时的数字模型的复杂程度得以大大降低。

4. 交流永磁伺服电动机磁场的定向控制

20 世纪 70 年代初发明了矢量控制技术，或称磁场定向控制技术。通过坐标变换，把交流电动机中交流电流的控制，变换成类似于直流电动机中直流电流的控制，实现了力矩的控制，可以获得和直流电动机相似的高动态性能，从而使交流电动机的控制技术取得了突破性的进展。

设想建立一个以电源角频率旋转的旋转坐标系（d，q）。从静止坐标系（a，b，c）上看，合成的定子电流矢量在空间中以电源角频率旋转，从而形成旋转磁场，它是时变的。从旋转坐标系（d，q）上看，则合成的定子电流矢量是静止的，即从时变量变成了时不变量，从交流量变成了直流量。

三、交流伺服系统所用的传感器

1. 电流传感器

矢量变换要求知道电动机定子三相电流，实际检测时只要检测其中两相即可，另外一相可以通过计算得出。电流检测可采用霍尔电流传感器实现，如图3－32所示。霍尔电流传感器所依据的工作原理主要是霍尔效应。霍尔电流传感器检测的电流经放大电路处理后，被送到DSP内部的A/D转换器变换为数字量。

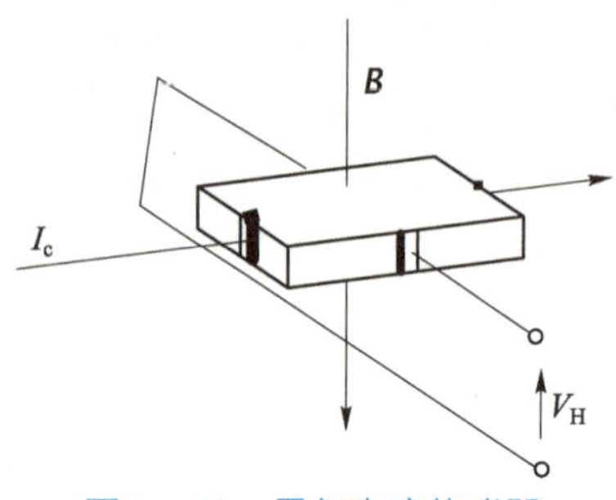

图3－32 霍尔电流传感器

2. 位置传感器

用于交流伺服系统位置检测的传感器主要有旋转变压器、感应同步器、磁性编码器、光电编码器。这些传感器既可用于转轴位置检测，也可用于速度检测。下面以增量式光电编码器为例进行说明，其原理如图3－33所示。

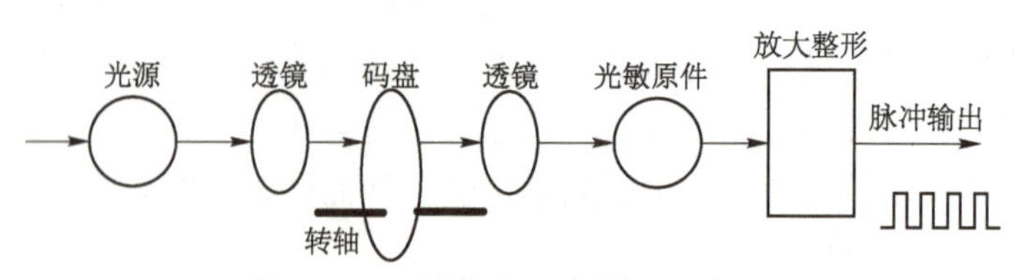

图3－33 增量式光电编码器原理

增量式光电编码器直接利用光电转换原理输出三组方波脉冲A，B和Z相；A，B两组脉冲相位差90°，从而可以方便地判断旋转方向，而Z相为每转一个脉冲，用于基准点定位。它的优点是构造简单、机械平均寿命可在几万小时以上、抗干扰能力强、可靠性高、适合长距离传输。其缺点是无法输出其轴转动的绝对位置信息。

四、伺服系统与PLC的连接

PLC可以作为很理想的伺服系统指令机构。与PLC连接时，伺服系统一般工作在闭环模式下。

选用PLC作为控制器的话，一般的继电器输出接口频率已不能满足要求，况且继电器输出寿命短，并不适用于快速通断的场合。那么，我们必须选择带晶体管输出接口的PLC。

通过PLC内部的计数器输出脉冲，控制脉冲数量即可控制伺服电动机的转角或最终执行机构的位移。通过PLC内部的定时器，周期性输出脉冲，可以控制伺服电动机的转速。改变脉冲周期实际上就能改变转速。PLC一般用该法调速，而不用速度模式（因为PLC难以处理模拟量）。通过脉冲的有无可以控制电动机的起停，通过方向输入端子可以改变电动机的转向。

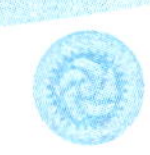

【任务实施】

一、工具、仪表及电气元件

（1）工具：测试笔、螺钉旋具、斜口钳、尖嘴钳、剥线钳、电工刀等。

（2）仪表：MF47 型万用表、5050 型兆欧表。

（3）电气元件：松下 MHMD022P1U 永磁同步交流伺服电动机，MADDT1207003 全数字交流永磁同步伺服驱动装置。

二、实践操作

在 YL－158G 设备中，伺服电动机用于定位控制，伺服驱动装置工作于位置控制模式，其所采用的是简化接线方式，如图 3－34 所示。

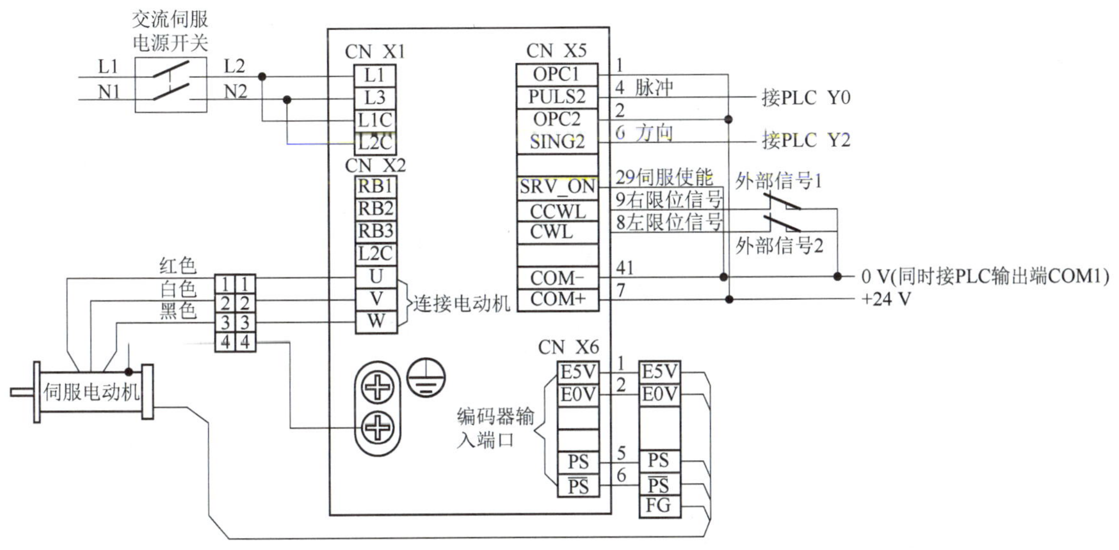

图 3－34　MADDT1207003 全数字交流永磁同步伺服驱动装置的接线方式

1. 参数设置与调整

在 YL－158G 设备中，伺服驱动装置工作于位置控制模式，FX2N－48MT 的 Y000 输出脉冲作为伺服驱动装置的位置指令，脉冲的数量决定伺服电动机的旋转位移，脉冲的频率决定伺服电动机的旋转速度。FX2N－48MT 的 Y002 输出信号作为伺服驱动装置的方向指令。对于控制要求较为简单，伺服驱动装置可采用自动增益调整模式。根据上述要求，伺服驱动装置参数设置如表 3－5 所示。

表 3－5　伺服驱动装置参数设置

序号	参数		设置数值	功能和含义
	参数编号	参数名称		
1	Pr01	LED 初始状态	1	显示电动机转速
2	Pr02	控制模式	0	位置控制（相关代码 P）

续表

序号	参数		设置数值	功能和含义
	参数编号	参数名称		
3	Pr04	行程限位禁止输入无效设置	1	当左或右限位动作时，会发生 Err38 行程限位禁止输入信号出错报警。设置此参数值必须在控制电源断电重启之后才能修改、写入成功
4	Pr20	惯量比	1 678	该值自动调整得到，具体请参照交流调整
5	Pr21	实时自动增益设置	1	实时自动调整为常规模式，运行时负载惯量的变化情况很小
6	Pr22	实时自动增益的机械刚性选择	1	此参数值设得越大，响应越快
7	Pr41	指令脉冲旋转方向设置	0	指令脉冲 + 指令方向。设置此参数值必须在控制电源断电重启之后才能修改、写入成功。 指令脉冲 + 指令方向：PULS；SIGH：H高电平、H低电平 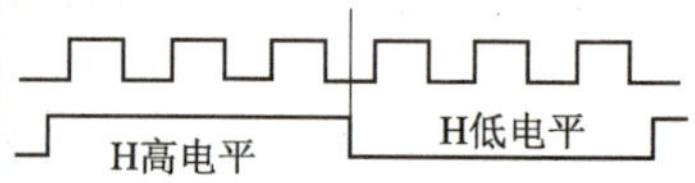
8	Pr42	指令脉冲输入方式	3	
9	Pr48	指令脉冲分倍频第 1 分子	10 000	每转所需指令脉冲数 = 编码器分辨率 × $\frac{Pr4B}{Pr48 \times 2^{Pr4A}}$；由于编码器分辨率为 10 000（2 500p/r × 4），所以每转所需指令脉冲数 = $10\ 000 \times \frac{Pr4B}{Pr48 \times 2^{Pr4A}} = 10\ 000 \times \frac{6\ 000}{10\ 000 \times 2^0} = 6\ 000$
10	Pr49	指令脉冲分倍频第 2 分子	0	
11	Pr4A	指令脉冲分倍频分子倍率	0	
12	Pr4B	指令脉冲分倍频分母	6 000	
注：其他参数的说明及设置请参看松下 Ninas A4 系列伺服电机、驱动器使用说明书。				

2. 程序编写

使伺服电动机在频率为 1 000 Hz 时旋转 2 周自动停止试验的梯形图如图 3－35 所示。

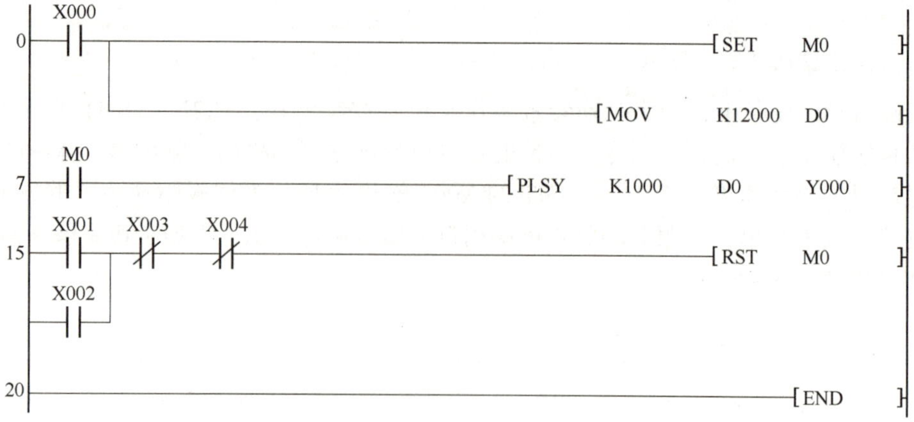

```
0   X000 ─┤├─┬──────────────────────[SET   M0]
             └──────────────────────[MOV   K12000  D0]
7   M0 ─┤├──────────────────────────[PLSY  K1000  D0  Y000]
15  X001 ─┤├─┬─ X003 ─┤/├─ X004 ─┤/├─[RST   M0]
    X002 ─┤├─┘
20  ────────────────────────────────[END]
```

图 3－35　梯形图

三、任务内容和评分标准

伺服电动机安装调试任务内容和评分标准如表 3－6 所示。

表 3－6　伺服电动机安装调试任务内容和评分标准

序号	任务内容	评分标准		配分	扣分	得分
1	伺服系统接线	接线不正确，每处扣 5 分		20		
2	伺服电动机参数设置	参数设置不正确，每项扣 5 分		40		
3	程序编写和下载调试	程序编写错误，每处扣 5 分		30		
4	安全、文明生产	每违反一项扣 5 分		10		
5	工时	4 h				
6	备注		合计			
			教师签字	年　月　日		

【任务总结】

数控机床进给伺服系统中多采用永磁式同步电动机，同步电动机的转速是由供电频率决定的，即在电源电压和频率固定不变时，它的转速是稳定不变的。由变频电源供电给同步电动机时，能获得与频率成正比的可变速度，可以得到非常硬的机械特性及较宽的调速范围。

交流主轴电动机多采用交流异步电动机，很少采用永磁同步电动机，这主要是因为永磁同步电动机的容量做得不够大，且电动机成本较高。另外，主轴驱动系统不像进给系统那样要求有很高的性能，调速范围也不需要太大，因此，采用异步电动机完全可以满足数控机床主轴的要求，笼型异步电动机多用在主轴驱动系统中。

项目评价

项目三评价细则如表 3－7 所示。

表 3－7　项目三评价细则

班级			姓名		同组姓名		
开始时间			结束时间				
序号	考核项目	考核要求	分值	评分标准	自评	互评	师评
1	学习准备（15 分）	资料准备	5	参与资料收集、整理，自主学习			
		计划制订	5	能初步制订计划			
		小组分工	5	分工合理，协调有序			

续表

序号	考核项目	考核要求	分值	评分标准	自评	互评	师评
2	学习过程（50分）	检测元器件	5	正确得分，否则酌情扣分			
		安装元器件	5	正确得分，否则酌情扣分			
		布线工艺	10	正确得分，否则酌情扣分			
		自检过程	5	符合要求得分，否则扣分			
		调试过程	10	符合功能要求得分，否则扣分			
		排故过程	5	排除故障得分，否则扣分			
		操作熟练程度	10	操作熟练得分，否则酌情扣分			
3	学习拓展（15分）	知识迁移	5	能实现前后知识的迁移			
		应变能力	5	能举一反三，提出改进建议或方案			
		创新程度	5	有创新性建议提出			
4	学习态度（20分）	主动程度	5	自主学习，主动性强			
		合作意识	5	协作学习，能与同伴团结合作			
		严谨细致	5	认真仔细，不出差错			
		问题研究	5	能在实践中发现问题，并用理论知识解释实践中的问题			
教师签字				总分			

项目作业

一、判断题

1. 交流伺服电动机是靠改变对控制绕组所施加电压大小、相位或同时改变两者来控制其转速的。在多数情况下，它都是工作在两相不对称状态，因而气隙中的合成磁场不是圆形旋转磁场，而是脉动磁场。（　）
2. 交流伺服电动机可分为交流感应电动机与交流同步电动机。（　）
3. 交流伺服电动机在控制绕组电流的作用下转动起来，如果控制绕组突然停电，则转子不会自行停转。（　）
4. 直流伺服电动机一般都采用转子控制方式，即通过改变转子电压来对电动机进行控制。（　）
5. 伺服电动机是一种执行元件（功率元件），它用于把输入的电压信号变成电动机转轴的角位移或者转速输出。（　）

二、选择题

直流伺服电动机在自动控制系统中用作（　　）。

A. 放大元件　　B. 测量元件　　C. 执行元件

三、简答题

1. 交流伺服电动机有何特点？
2. 直流伺服电动机采用什么控制方式？

项目四　步进电动机的控制与调速技术

项目需求

了解步进电动机的结构与工作原理，能根据工作需要选用步进电动机。

项目工作场景

步进电动机已成为除直流电动机和交流电动机以外的第三类电动机。传统电动机作为机电能量转换装置，在人类的生产和生活进入电气化过程中起着关键的作用。可是在人类社会进入自动化时代后，传统电动机的功能已不能满足工厂自动化和办公自动化等各种运动控制系统的要求。为适应这些要求，发展了几类新的具备控制功能的电动机系统，其中较有特点且应用十分广泛的一类便是步进电动机。

随着计算机技术的发展，步进电动机在自动控制系统中已得到了广泛的应用，例如数控机床、绘图机、计算机外围设备、自动记录仪表、钟表和数/模转换装置等。

方案设计

任务 1　步进电动机的基本结构、工作原理和运行特点

主要了解步进电动机的结构、分类、工作原理和工作方式。

任务 2　步进电动机的转向和速度控制技术

会进行步距角的计算和转速的计算，能根据工作需要选用合适的步进电动机。

任务 3　PLC 实现步进电动机调速应用实例

相关知识和技能

我国的步进电动机在 20 世纪 70 年代初开始起步，70 年代中期至 80 年代中期为成品发展阶段，新品种和高性能电动机不断被开发。目前，随着科学技术的发展，特别是永磁材料、半导体技术、计算机技术的发展，步进电动机在众多领域得到了广泛应用。

步进电动机相对于其他控制用途电动机的最大区别是，它接收数字控制信号、电脉冲信号并转化成与之对应的角位移或直线位移，它本身就是一个完成数字模式转化的执行元件；而且它可进行开环位置控制，输入一个脉冲信号就得到一个规定的位置增量，这样的所谓增

量位置控制系统与传统的直流控制系统相比，成本明显降低，几乎不必进行系统调整。步进电动机的角位移量与输入的脉冲个数严格成正比，而且在时间上与脉冲同步，因而只要控制脉冲的数量、频率和电动机绕组的相序，即可获得所需的转角、速度和方向。

任务1　步进电动机的基本结构、工作原理和运行特点

【任务目标】

（1）掌握步进电动机的结构和分类。

（2）了解步进电动机的工作原理。

（3）知道步进电动机的工作方式。

【任务分析】

根据步进电动机的接线图完成接线，根据任务目标完成步进电动机参数的设置，并完成PLC程序的编写与调试。

【知识准备】

一、步进电动机的结构和分类

步进电动机是输入电脉冲信号，并将其转换成相应的角位移或线位移的控制电动机。它由专用电源供给电脉冲，每输入一个脉冲，步进电动机就移动一步，所以被称为步进电动机；又因其绕组上所加的电源是脉冲电压，故有时也称它为脉冲电动机。步进电动机能较精确地进行速度控制和定位控制，能快速起动、反转及制动，有较大的调速范围，且不受电压、负载及环境条件变化的影响。

1. 步进电动机的结构

步进电动机一般由前后端盖、轴承、中心轴、转子铁芯、定子铁芯、定子组件、波纹垫圈、螺钉等构成。通常情况下，一根绕成圈状的金属丝叫作螺线管，而在电动机中，绕在定子齿槽上的金属丝则叫作绕组、线圈或相。

（1）步进电动机外形结构如图4－1所示。

（2）步进电动机内部结构如图4－2、图4－3所示。

2. 步进电动机的分类

步进电动机的分类方式有很多，常见的分类方式有按产生力矩的原理、按输出力矩的大小以及按定子和转子的数量等。根据不同的分类方式，可将步进电动机分为多种类型（表4－1）。

图 4－1　步进电动机外形结构

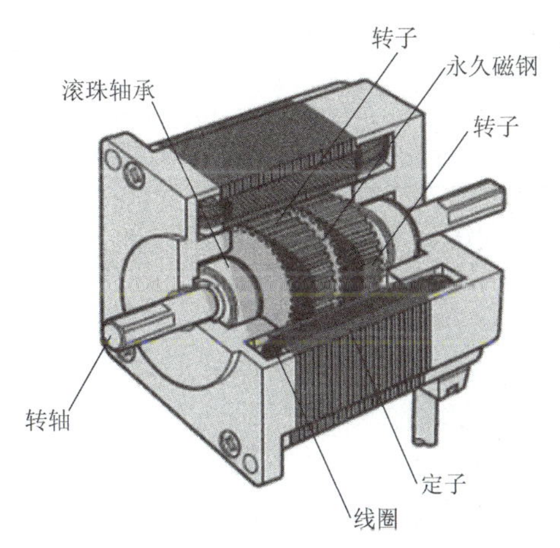

图 4－2　步进电动机内部结构（1）

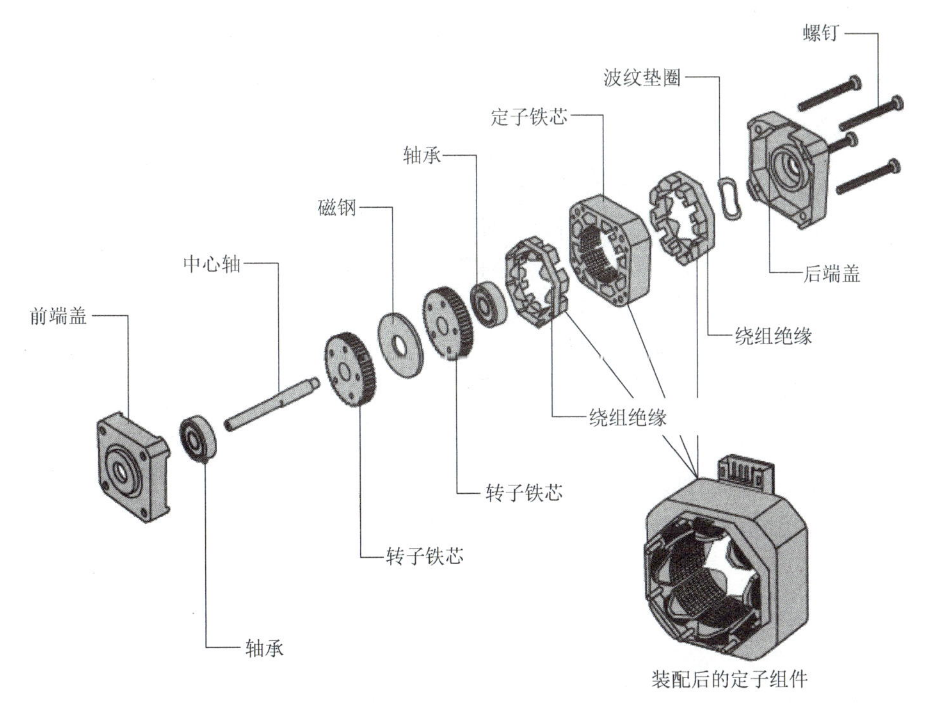

图 4－3　步进电动机内部结构（2）

表4-1　步进电动机的分类

分类方式	具体类型
产生力矩的原理	（1）反应式：转子无绕组，由被激磁的定子绕组产生反应力矩，实现步进运行。 （2）激磁式：定子、转子均有激磁绕组（或转子用永久磁钢），由电磁力矩实现步进运行
输出力矩的大小	（1）伺服式：输出力矩在百分之几至十分之几牛·米，只能驱动较小的负载，要与液压扭矩放大器配合使用，才能驱动机床工作台等较大的负载。 （2）功率式：输出力矩在5～50 N·m以上，可以直接驱动机床工作台等较大的负载
定子的数量	（1）单定子式 （2）双定子式 （3）三定子式 （4）多定子式
各相绕组的分布	（1）径向分布式：电动机各相按圆周依次排列 （2）轴向分布式：电动机各相按轴向依次排列

其中反应式步进电动机是我国目前使用最广泛的一种，它具有惯性小、反应迅速和速度快的特点。

3. 步进电动机的原理

1）三相反应式步进电动机的结构

三相反应式步进电动机在结构上分为定子和转子两部分（图4-4）。其定子、转子用硅钢片或其他软磁材料制成。定子上有6个磁极，每个磁极上绕有励磁绕组，相对的两个磁极组成一相，分成U，V，W三相。转子上有4个均匀分布的齿，无绕组，它是由带齿的铁芯做成的。

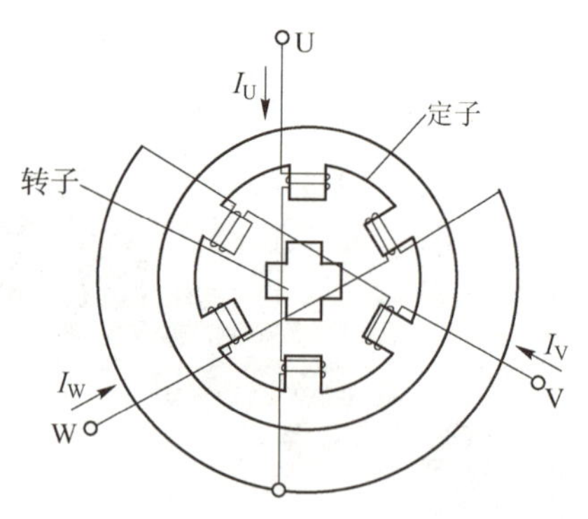

图4-4　三相反应式步进电动机的结构

2）三相反应式步进电动机的工作原理

三相反应式步进电动机有三种运行方式：三相单三拍运行，三相双三拍运行，三相单、双六拍运行。

“三相”是指步进电动机的相数；“单”是指每次只给一相绕组通电；“双”则是指每次同时给二相绕组通电；定子绕组每改变一次通电方式，就称为一拍。“三拍”是指以经过三次切换控制绕组的通电状态为一个循环。

（1）三相单三拍运行方式。

三相单三拍运行时的三相反应式步进电动机如图4－5所示。它的定子上有6个极（A、B、C、X、Y、Z），每个极上都装有控制绕组，每相相对的两极组成一相。转子由4个均匀分布的齿组成，其上是没有绕组的。当A相控制绕组通电时，因磁通要沿着磁阻最小的路径闭合，转子齿1，3和定子磁极A，X对齐，如图4－5（a）所示。当A相断电，B相控制绕组通电时，转子将在空间逆时针转过30°，即步距角$\theta_s=30°$。转子齿2，4与定子磁极B，Y对齐，如图4－5（b）所示。如再使B相断电，C相控制绕组通电，转子又在空间逆时针转过30°，即步距角$\theta_s=30°$，使转子齿1，3和定子磁极C，Z对齐，如图4－5（c）所示。如此循环往复，按A→B→C→A的顺序通电，电动机便按一定的方向转动。电动机的转速取决于控制绕组与电源接通或断开的变化频率。若按A→C→B→A的顺序通电，则电动机反向转动。控制绕组与电源的接通或断开，通常由电子逻辑线路或微处理器来控制完成。所以在三相单三拍运行方式中，步进电动机的步距角$\theta_s=30°$。

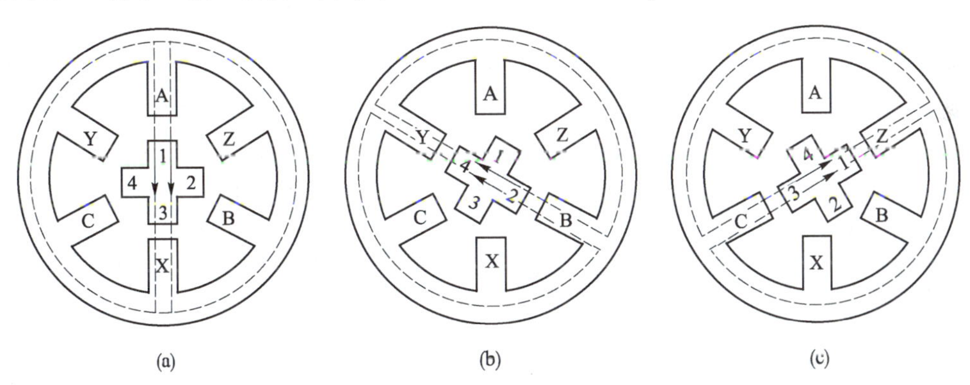

图4－5　三相单三拍运行时的三相反应式步进电动机

（a）A相通电；（b）B相通电；（c）C相通电

（2）三相双三拍运行方式。

在实际使用中，单三拍运行方式由于在切换时一相控制绕组断电后另一相控制绕组才开始通电，这种情况容易造成失步。此外，由单一一相控制绕组通电吸引转子，也容易使转子在平衡位置附近产生振荡，故运行的稳定性较差，所以很少被采用。三相双三拍运行方式的每个通电状态都有两相控制绕组同时通电，通电状态切换时总有一相绕组不断电，不会产生振荡，所以通常将它改为“双三拍”运行方式，即按AB→BC→CA→AB的顺序通电，即每拍都有两个绕组同时通电。假设此时电动机为正转，那么按AC→CB→BA→AC的通电顺序运行时电动机则反转。在双三拍运行方式下步进电动机的转子位置如图4－6所示。当A，B两相同时通电时，转子齿的位置同时受到两个定子磁极的作用，只有在A相磁极和B相磁极对转子齿所产生的磁拉力相等时转子才平衡，如图4－6（a）所示。当B，C两相同时通电时，转子齿的位置同时受到两个定子磁极的作用，只有在B相磁极和C相磁极对转子齿所产生的磁拉力相等时转子才平衡，如图4－6（b）所示。当C，A两相同时通电时，原理相同，如图4－6（c）所示。从上述分析可以看出双拍运行时，同样三拍为一循环，所以，按双三拍通电方式运行时，它的步距角与单三拍通电方式相同，也是30°。

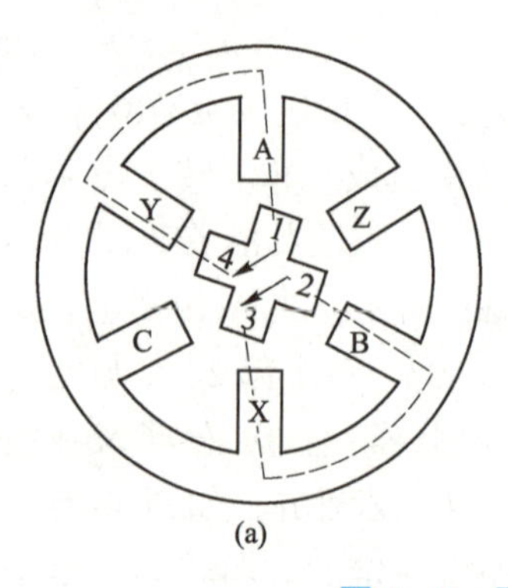

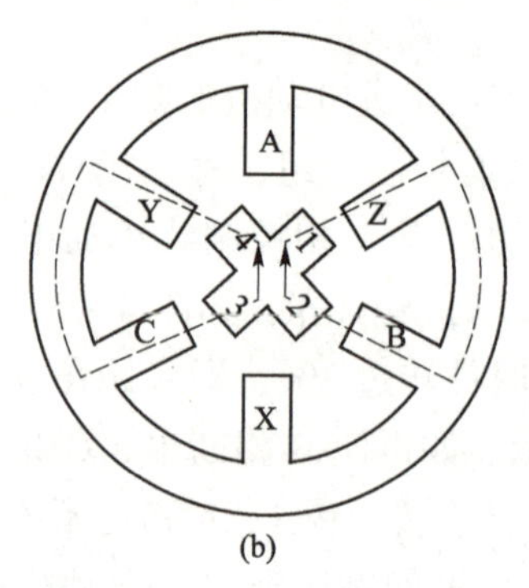

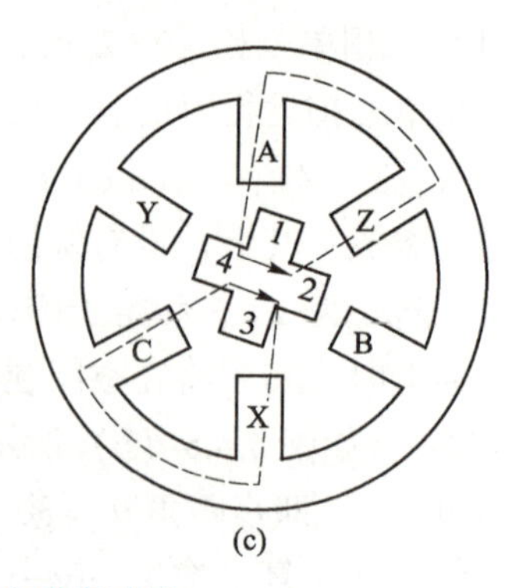

图4-6　三相双三拍运行时的三相反应式步进电动机

(a) A，B相通电；(b) B，C相通电；(c) C，A相通电

(3) 三相单、双六拍运行方式。

若控制绕组的通电顺序为A→AB→B→BC→C→CA→A，或是A→AC→C→CB→B→BA→A，则称三相反应式步进电动机工作在单、双六拍运行方式，即先A相绕组通电；以后A，B相绕组同时通电；然后断开A相控制绕组，由B相控制绕组单独通电；再使B，C相控制绕组同时通电，依此进行。在这种运行方式时，定子三相控制绕组需经过六次切换通电状态才能完成一个循环，故称“六拍”。在通电时，有时是单个控制绕组通电，有时是两个控制绕组同时通电，因此称为“单、双六拍”。在这种运行方式下，步距角也有所不同。如图4-7所示，当A相控制绕组通电时和单三拍运行的情况相同，转子齿1，3和定子磁极A，X对齐，如图4-7(a)所示。当A，B相控制绕组同时通电时，转子齿2，4在定子磁极B，Y的吸引下使转子沿逆时针方向转动，直至转子齿1，3和定子磁极A，X之间的作用力与转子齿2，4和定子磁极B，Y之间的作用力相平衡为止，如图4-7(b)所示。A，B两相同时通电时和双拍运行方式相同。当断开A相控制绕组而由B相控制绕组通电时，转子将继续沿逆时针方向转过一个角度，使转子齿2，4和定子磁极B，Y对齐，如图4-7(c)所示。在这种运行方式下，$\theta_s = 30°/2 = 15°$。若继续按BC→C→CA→A的顺序通电，步进电动机就按逆时针方向连续转动。如通电顺序变为A→AC→C→CB→B→BA→A时，则电动机将按顺时针方向转动。

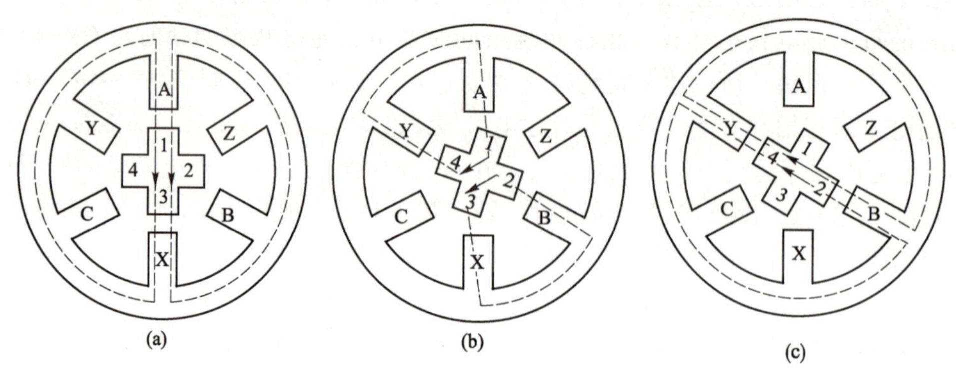

图4-7　三相单、双六拍运行时的三相反应式步进电动机

(a) A相通电；(b) A，B相通电；(c) 断开A相，B相通电

因此，即使同一台步进电动机，若通电运行方式不同，其步距角也不同。所以一般步进电动机会给出两个步距角，例如3°/1.5°，1.5°/0.75°等。

三相单、双六拍控制方式比三相单、双三拍控制方式步距角小一半，因而精度更高，且转换过程中始终保证有一个绕组通电，工作稳定，因此这种方式被大量采用。

3）小步距角三相反应式步进电动机工作原理

三相反应式步进电动机虽然结构简单，但是步距角较大，往往满足不了系统的精度要求，如在数控机床中使用就会影响到加工工件的精度。所以，在实际中常采用图4-8所示的一种小步距角三相反应式步进电动机，它的定子上有6个极，上面装有控制绕组组成A，B，C三相，转子上均匀分布40个齿，定子每个极面上也各有5个齿，定子、转子的齿宽和齿距都相同。当A相控制绕组通电时，电动机中产生沿A极轴线方向的磁场，因磁通总是沿磁阻最小的路径闭合，转子受到磁阻转矩的作用而转动，直至转子齿和定子A极面上的齿对齐为止。因转子上共有40个齿，每个齿的齿距为360°/40=9°，而每个定子磁极的极距为360°/6=60°，所以每个极距所占的齿距数不是整数。图4-9所示为三相反应式步进电动机定子、转子展开图，当A极面下的定子、转子齿对齐时，Y极和Z极极面下的齿就分别和转子齿相距三分之一的转子齿距，即3°。

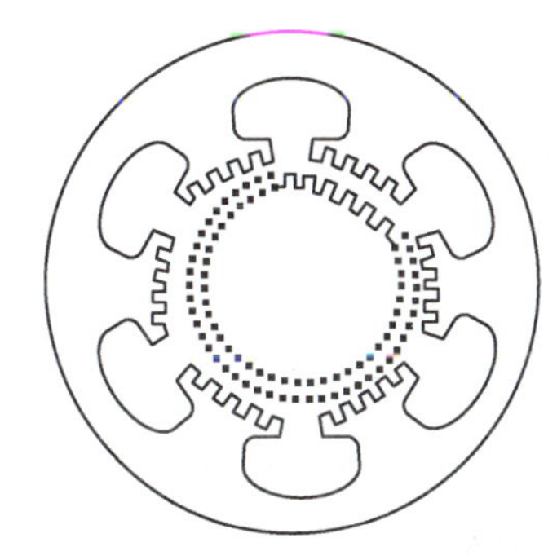

图4-8　小步距角三相反应式步进电动机

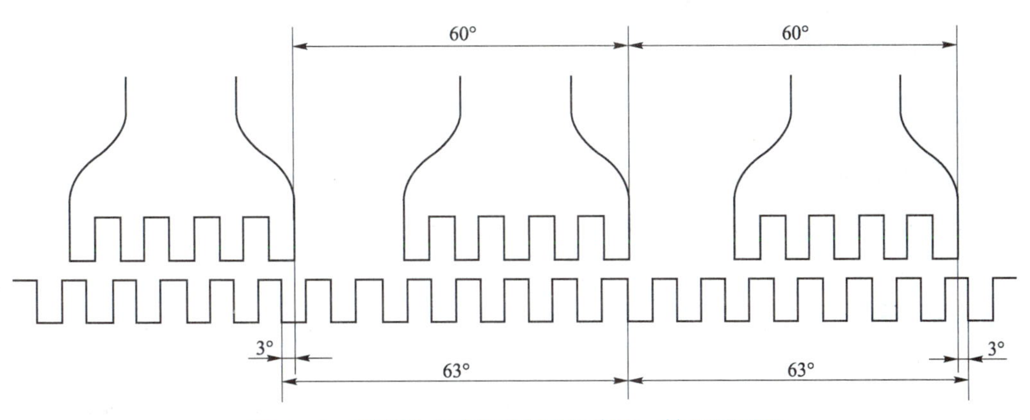

图4-9　三相反应式步进电动机定子、转子展开图

设三相反应式步进电动机的转子齿数 Z_r 的大小由步距角的大小决定，但是为了能实现“自动错位”，转子的齿数必须满足一定的条件，而不能是任意数值。当定子的相邻极为相邻相时，在某一极下，当定子、转子的齿对齐时，则要求在相邻极下的定子、转子齿之间应

错开转子齿距的 $1/m$，即它们之间在空间位置上错开 $360°/(m \cdot Z_r)$。由此可得出这时转子齿数应符合：

$$\frac{Z_r}{2p} = K \pm \frac{1}{m} \tag{4-1}$$

式中　$2p$——反应式步进电动机的定子极数；

m——电动机的相数；

K——正整数。

从图 4－8 中可以看到，若断开 A 相控制绕组而给 B 相控制绕组通电，则电动机会产生沿 B 极轴线方向的磁场。同理，在磁阻转矩的作用下，转子按顺时针方向转过 3°使定子 B 极面下的定子齿和转子齿对齐，相应定子 A 极和 C 极面下的齿又分别和转子齿相差三分之一的转子齿距。依此，当控制绕组按 A→B→C→A 的顺序循环通电时，转子就沿顺时针方向以每拍转过 3°的方式转动。若改变通电顺序，即按 A→C→B→A 的顺序循环通电，转子便沿反方向同样以每拍转过 3°的方式转动。此时为单三拍通电方式运行。若采用单、双六拍通电方式，则与前述道理一样，只是步距角将要减小一半，即 1.5°。

电动机相数越多，相应电源就越复杂，造价也越高。所以，步进电动机一般最多做到六相，只有个别电动机才做成更多相数的。

【任务实施】

任务名称：步进电动机的拆装。

一、工具、仪表及电气元件

（1）工具：测试笔、螺钉旋具、斜口钳、尖嘴钳、剥线钳、电工刀等。

（2）仪表：MF47 型万用表、5050 型兆欧表。

（3）电气元件：步进电动机。

二、任务内容

1. 实训目标

（1）熟悉步进电动机的基本结构和工作原理。

（2）熟悉基本拆装工艺组成与相关工艺材料。

（3）熟练掌握基本仪表和工具的使用方法。

2. 实训步骤

1）电动机外壳的拆装

准备好工具，装配前应清理好场地，并在接头线、端盖与外壳、轴承盖与端盖等上做好标记，以免装配时弄错。拆卸电动机外壳的一般方法如下：

卸下皮带或脱开联轴器的连接销→拆下接线盒内的电源接线和接地线→卸下皮带轮或联轴器→卸下底脚螺母和垫圈→卸下前轴承外盖→卸下前端盖→拆下风叶罩→卸下风叶→卸下后端外盖→卸下后端盖→抽出转子→拆下前后轴承及前后轴承的内盖。

对于一般中、小型电动机，其外壳的装配方法与拆卸步骤相反。

2）主要零部件的拆装方法

注意：先在皮带轮或联轴器与转轴之间做好位置标记。

（1）皮带轮或联轴器的拆装。

装配时拧下紧固螺钉和销子，然后用拉具慢慢地拉出。如果拉不出，可在内孔点煤油再拉。如果仍拉不出，可用急火围绕皮带轮或联轴器迅速加热，同时用温布包好轴，并不断浇冷水，以防热量传入电动机内部。装配时，先用细砂布把转轴、皮带轮或联轴器轴孔打磨光滑，将皮带轮或联轴器对准键槽套在轴上，用熟铁或硬木块垫在键的一端，轻轻将键敲入槽内。键在槽内要松紧适度，太紧或太松都会损伤键和槽，太松还会使皮带打滑或振动。

（2）轴承盖的拆装。

轴承盖的拆卸很简单。只拆除风叶罩、风叶、前轴承外盖和前端盖，而后轴承外盖、后端盖边同前后轴承、轴承内盖及转子一起抽出，就可取下前后轴承外盖。前后两个轴承外盖要分别标上记号，以免装配时前后装错。轴承盖的装配方法是将外盖穿过转轴，在端盖外面，插上一颗螺钉，一手顶住这颗螺钉，一手转动转轴，使轴承内盖也跟着转到与外盖的螺钉孔对齐时，便可将螺钉插入内盖的螺孔中并拧紧，最后把其余两颗螺钉也装上拧紧。

（3）端盖的拆装。

首先应在端盖与机座的接缝处做好标记，然后拧下固定端盖的螺钉，用螺丝刀慢慢地撬下端盖（拧螺钉和撬端盖都要沿对角线均匀对称地进行），前后端盖要做上标记，以免装配时前后搞错。装配时，对准机壳和端盖的接缝标记，装上端盖。插入螺钉拧紧（要按对角线对称地旋进螺钉，而且要分几次旋紧，且不可有松有紧，以免损伤端盖），同时随时转动转子，以检查是否灵活。

（4）转子的拆装。

前后端盖拆掉后应注意切勿碰坏定子线圈。对于小型电动机，抽出时要一手握住转子，把转子拉出一些，再用另一只手托住转子，慢慢地外移。对于大型电动机，抽出转子时要两人各抬转子一端，慢慢外移。装配时，要按上述步骤逆过程进行，并且对准定子腔中心小心地将转子送入。

（5）滚动轴承的拆装。

装配滚动轴承的方法与拆卸皮带轮的方法类似。可用两根铁扁担夹住转轴，使转子悬空，然后在转轴上端垫上木块或铜块，用锤子敲打使轴承脱开拆下。在操作过程中要注意安全。装配时，可找一根内径略大于转轴外径的平口铁管套入转轴，使管壁正好顶在轴承的内圈上，便可在管口垫上木块，用锤子敲打，使轴承套入转子定位处。注意轴承内圆与转轴间不能过紧，如果过紧，则可用细砂布打磨转轴表面，使轴承套入后能保持一般的紧密度即可。另外，轴承外圈与端盖之间也不能太紧。安装步进电动机时要特别注意，如果没有将端盖、轴承盖装在正确位置，或没有掌握好螺钉的松紧度和均匀度，电动机转子会偏心，从而造成扫膛等运行故障。

3. 任务内容和评分标准

任务内容和评分标准如表 4－2 所示。

表 4-2　任务内容和评分标准

序号	任务内容	评分标准		配分	扣分	得分
1	电动机外壳的拆装	电动机的装配方法与拆卸步骤不正确，每处扣 5 分		40		
2	主要零部件的拆装方法	电动机的装配方法与拆卸步骤不正确，每处扣 5 分		50		
3	安全、文明生产	每违反一项扣 5 分		10		
4	工时	4 h				
5	备注		合计			
			教师签字	年　　月　　日		

【任务总结】

由上面介绍可知，步进电动机具有结构简单、维护方便、精确度高、起动灵敏、停车准确等性能。此外，步进电动机的转速取决于电脉冲频率，并与频率同步。

任务 2　步进电动机的转向和速度控制技术

【任务目标】

（1）了解步进电动机的转向与速度控制技术。
（2）掌握步距角的计算和转速的计算方法。
（3）会根据工作需要选用合适的步进电动机。

【任务分析】

根据步进电动机的接线图完成接线；根据项目要求完成步进电动机参数的设置；根据任务要求完成 PLC 程序的编写并进行调试。

【知识准备】

一、步进电动机的转向与速度控制

步进电动机不能被直接接到工频交流或直流电源上工作，而必须使用专用的步进电动机驱动器，它由脉冲发生控制单元、功率驱动单元、保护单元等组成。功率驱动单元与步进电动机直接耦合，我们也可将其理解成步进电动机微机控制器的功率接口。电动机驱动器的作用是对控制脉冲进行环形分配、功率放大，使步进电动机绕组按一定顺序通电，控制电动机转动。

1. 步进电动机加减速过程控制技术

步进电动机的转速取决于脉冲频率、转子齿数和拍数。其角速度与脉冲频率成正比，而

且在时间上与脉冲同步，因而在转子齿数和运行拍数一定的情况下，只要控制脉冲频率即可获得所需速度。由于步进电动机是借助它的同步力矩而起动的，为了不发生失步故障，起动频率是不高的。特别是随着功率的增加，转子直径增大，惯量增大，起动频率和最高运行频率可能相差十倍之多。

步进电动机的起动频率特性使步进电动机起动时不能直接达到运行频率，而要有一个起动过程，即从一个低的转速逐渐升高到运行转速。停止时运行频率不能立即降为零，而要有一个从高速逐渐降低到零的过程。

步进电动机的输出力矩随着脉冲频率的上升而下降，起动频率越高，起动力矩就越小，带动负载的能力就越差，起动时会造成失步故障，而在停止时又会发生过冲故障。要使步进电动机快速达到所要求的速度又不发生失步或过冲故障，其关键在于使加速过程中的加速度所要求的力矩既能充分利用各个运行频率下步进电动机所提供的力矩，又能不被超过。因此，步进电动机的运行一般要经过加速、匀速、减速三个阶段，要求加减速过程所用时间尽量短、恒速时间尽量长。特别是在要求快速响应的工作中，从起点到终点运行的时间最短，这就要求加减速的过程最短，而恒速时的速度最高。步进电动机控制技术如图 4－10 所示。

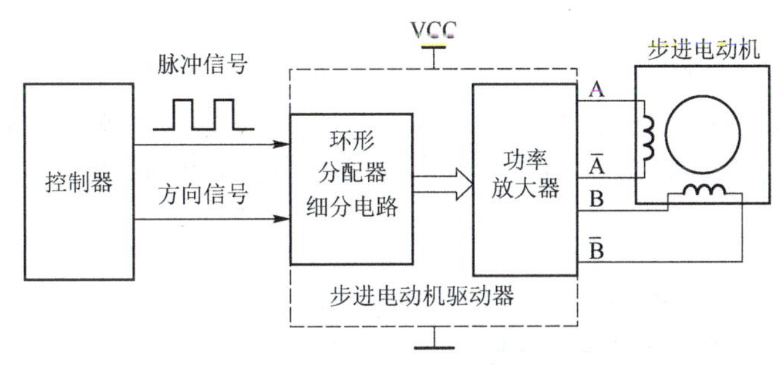

图 4－10　步进电动机控制技术

2. 步进电动机的细分驱动控制

步进电动机由于受到自身制造工艺的限制，如步距角的大小由转子齿数和运行拍数决定，但转子齿数和运行拍数是有限的，因此步进电动机的步距角一般较大并且固定，其分辨率低、缺乏灵活性、在低频运行时振动，噪声比其他微电动机都高，使物理装置容易疲劳或损坏。这些缺点使步进电动机只能应用在一些要求较低的场合，要求较高的场合只能采取闭环控制，而且它们增加了系统的复杂性，严重限制了步进电动机作为优良的开环控制组件的有效利用。细分驱动技术在一定程度上有效地克服了这些缺点。

二、步进电动机参数

1）步距角

每输入一个脉冲信号，步进电动机所转过的角度被称为步距角，步距角不受电压波动和负载变化的影响，也不受温度、振动等环境因素的干扰。

步距角的大小由转子的齿数 Z，运行相数 m 所决定，齿距角 θ_t 和步距角 θ_s 可表示为：

$$\theta_t = \frac{360°}{Z_r}$$

$$\theta_s = \frac{360°}{mZ_rC}$$

式中　C——控制系数，是拍数与相数的比例系数，也被称为通电状态系数。采用 m 相 m 拍通电运行方式时，$C=1$；采用 m 相 $2m$ 拍通电运行方式时，$C=2$。

2）转速

步进电动机步距角 θ_s 的大小由转子的齿数 Z_r、控制绕组的相数 m 和通电方式决定，它们之间的关系为：

$$\theta_s = \frac{360°}{mZ_rC} \quad (4-2)$$

假设步进电动机通电脉冲的脉冲频率为 f，由于转子经过 Z_rC 个脉冲旋转一周，所以步进电动机的转速为：

$$n = \frac{f\theta_s}{6} \quad (4-3)$$

$$n = \frac{60f}{mZ_rC} \quad (4-4)$$

式中　f——脉冲频率，1/s；

n——电动机转速，r/min。

步进电动机除了三相外，其相数也可为二相、四相、五相、六相或更多。由式（4-2）可知，电动机的相数和转子齿数越多，则步距角就越小。常见的步距角有 3°/1.5°、1.5°/0.75°等。所以在一定脉冲频率下，运行拍数和齿数越多，步距角越小，转速越低。

【任务实施】

一、工具、仪表及电气元件

（1）工具：测试笔、螺钉旋具、斜口钳、尖嘴钳、剥线钳、电工刀等。
（2）仪表：MF47 型万用表、5050 型兆欧表。
（3）电气元件：35BYG250 步进电动机，SH-20403 驱动器。

二、任务内容

1. 认识步进电动机

本试验采用的步进电动机为两相混合式步进电动机，电压为 10～40 V。其型号为 35BYG250，其中 35（mm）表示机座尺寸，BYG 表示混合式，2 表示两相，50 表示转子齿数，其技术参数如表 4-3 所示。

表 4-3　35BYG250 型两相混合式步进电动机技术参数

型号	35BYG250
相数	2
步距角/（°）	1.8
静态相电流/A	0.8
相电阻/Ω	5.7
相电感/mH	7

续表

型号	35BYG250
保持转矩/(mN·m)	110
定位转矩/(mN·m)	12
转动惯量/($g\cdot cm^2$)	14
重量/kg	0.18

步进电动机 A，B 两相绕组的接线端如图 4－11 所示。

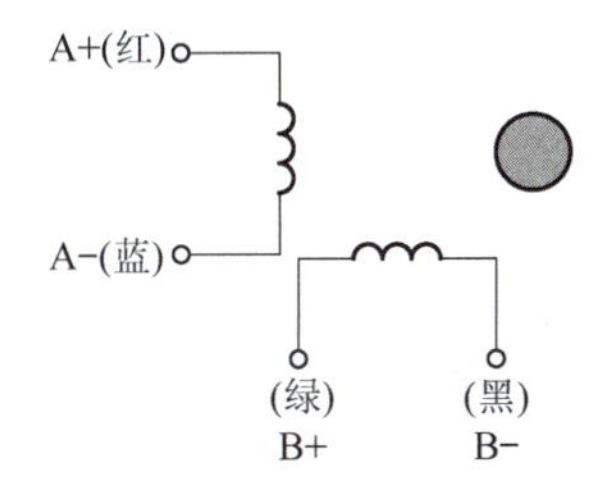

图 4－11　步进电动机接线端

2. 认识步进电动机驱动器

（1）驱动器型号为 SH－20403，它是两相混合式步进电动机细分驱动器，它的特点是能适应较宽电压范围［DC10～40 V（容量 30 VA）］，采用恒电流控制，它的电气性能如表 4－4 所示。

表 4－4　SH－20403 型两相混合式步进电动机驱动器电气性能

供电电源	DC 10～40 V（30 VA）
输出电流	峰值 3 A/相（Max）（由面板拨码开关设定）
驱动方式	恒相电流 PWM 控制（H 桥双极）
励磁方式	整步，半步，4 细分，8 细分，16 细分，32 细分，64 细分（七种）
输入信号	光电隔离（共阳单脉冲接口），提供“0”信号； 输入信号包括：步进脉冲、方向变换和脱机保持等

（2）步进电动机驱动器接线图。

步进电动机驱动器接线如图 4－12 所示。

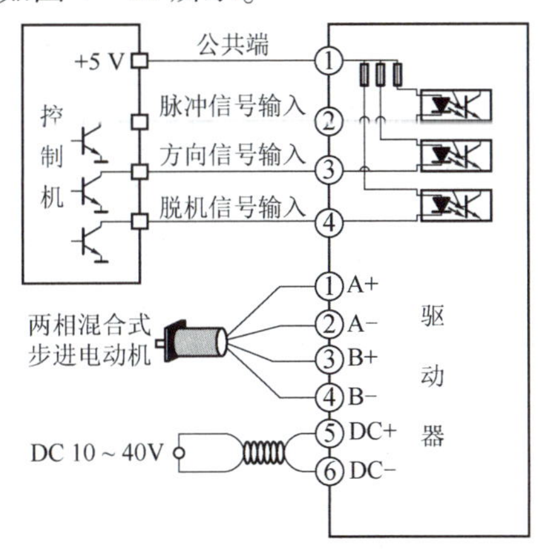

图 4－12　步进电动机驱动器接线

（3）输入信号说明。

①公共端：本驱动器的输入信号采用共阳极接线方式，用户应将输入信号的电源正极连接到该端子上，将输入的控制信号连接到对应的信号端子上。控制信号低电平有效，此时对应的内部光耦导通，控制信号被输入驱动器中。

②脉冲信号输入：共阳极时该脉冲信号下降沿被驱动器解释为一个有效脉冲，并驱动电动机运行一步。为了确保脉冲信号的可靠响应，共阳极时脉冲低电平的持续时间不应少于10 μs。本驱动器的信号响应频率为70 kHz，过高的输入频率将可能得不到正确响应。

③方向信号输入：该端信号的高电平和低电平控制电动机的两个转向。共阳极时该端悬空被等效认为输入高电平。控制电动机转向时，应确保方向信号领先脉冲信号至少10 μs，以避免驱动器对脉冲的错误响应。

④脱机信号输入：该端接收控制机输出的高/低电平信号，共阳极低电平时电动机相电流被切断，转子处于自由状态（脱机状态）。共阳极高电平或悬空时，转子处于锁定状态。

（4）输出电流选择（表4－5）。

表4－5 输出电流选择

5	6	7	输出电流/A	5	6	7	输出电流/A	5	6	7	输出电流/A	5	6	7	输出电流/A
ON	ON	ON	0.9	ON	OFF	ON	1.5	ON	ON	OFF	1.2	ON	OFF	OFF	1.8
OFF	ON	ON	2.1	OFF	OFF	ON	2.7	OFF	ON	OFF	2.4	OFF	OFF	OFF	3

（5）细分等级选择（表4－6）。

表4－6 细分等级选择

1	2	3	细分等级	1	2	3	细分等级	1	2	3	细分等级	1	2	3	细分等级
ON	ON	ON	保留	ON	OFF	ON	32细分	ON	ON	OFF	8细分	ON	OFF	OFF	半步
OFF	ON	ON	64细分	OFF	OFF	ON	16细分	OFF	ON	OFF	4细分	OFF	OFF	OFF	整步

3. 按照任务要求完成接线

按照任务要求完成接线，步进控制系统接线如图4－13所示。

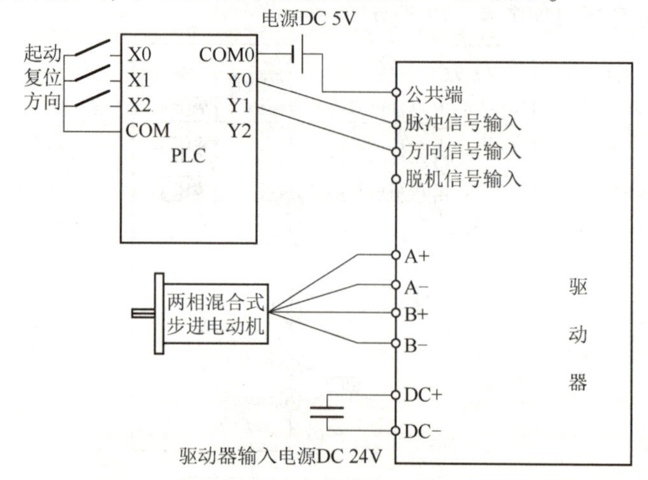

图4－13 步进控制系统接线

调节驱动器的最大输出电流为1.8 A，利用电流的调节查看驱动器面板丝印上的白色方块对应开关的实际位置。

调节驱动器的细分为“1”。

接通电源，向PLC（控制机）写入的程序如图4－14所示。

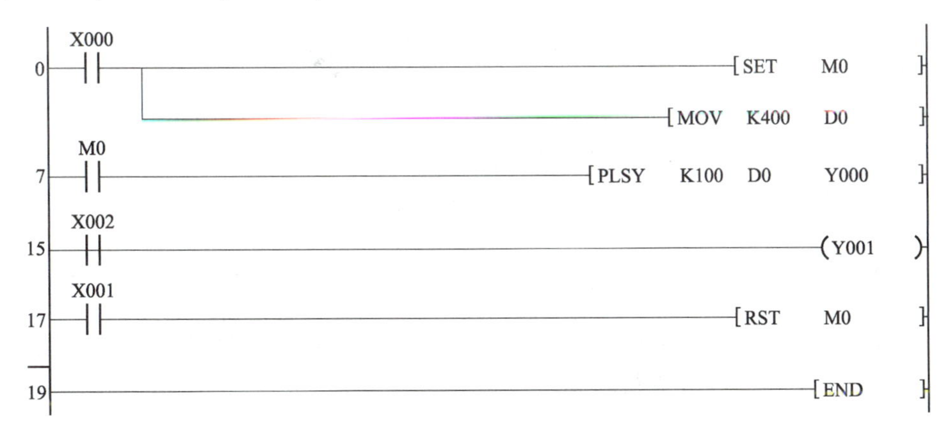

图4－14　步进控制系统程序

4. 任务内容和评分标准

任务内容和评分标准如表4－7所示。

表4－7　任务内容和评分标准

序号	任务内容	评分标准		配分	扣分	得分
1	步进电动机参数设置	参数设置不正确，每处扣5分		30		
2	外围接线	接线不正确，每项扣5分		30		
3	步进电动机典型案例练习	（1）参数设置错误，每处扣5分 （2）程序编制和下载错误，每处扣5分		30		
4	安全、文明生产	每违反一项扣5分		10		
5	工时	4 h				
6	备注		合计			
			教师签字	年　月　日		

【任务总结】

步进电动机是将电脉冲信号转变为角位移或线位移的开环控制元件。在非超载的情况下，电动机的转速、停止的位置只取决于脉冲信号的频率和脉冲数，而不受负载变化的影响，即给电动机加一个脉冲信号，电动机则转过一个步距角。这一线性关系的存在，加上步进电动机只有周期性的误差而无累积误差等特点，使得在速度、位置等控制领域用步进电动机来控制变得非常简单。虽然步进电动机已被广泛应用，但步进电动机并不能像普通的直流电动机、交流电动机一样在常规下使用。它必须经由双环形脉冲信号、功率驱动电路等组成控制系统方可使用。因此用好步进电动机并非易事，它涉及机械、电机、电子及计算机等方面的许多专业知识。

任务3　PLC 实现步进电动机调速应用实例

【任务目标】

（1）了解 PLC 控制步进电动机运动的两种方式。

（2）掌握 PLC 与步进电动机连接的方法，会进行简单程序调试。

【任务分析】

根据步进电动机的接线图完成接线；根据项目要求完成步进电动机参数的设置；根据任务要求完成 PLC 程序的编写并进行调试。

【知识准备】

一、控制方式

PLC 控制步进电动机运动常见的有两种控制方式：PLC 直接输出脉冲信号控制和 PLC 通过步进电动机驱动器控制。

PLC 直接输出脉冲信号控制方式是 PLC 的输出口 Y 直接和电动机相连，如图 4－15 所示。

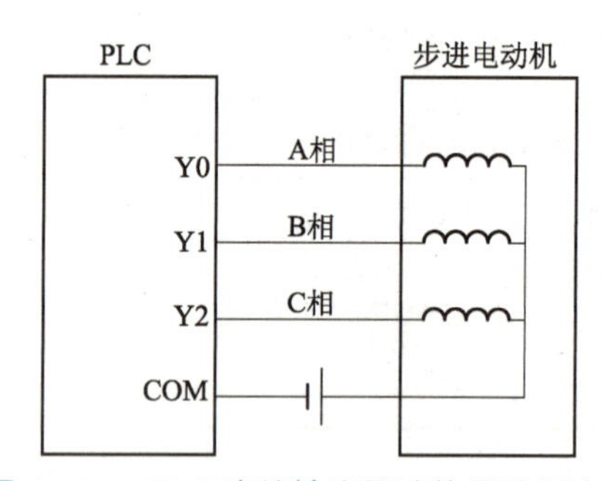

图 4－15　PLC 直接输出脉冲信号控制方式

在这种方式下，PLC 必须通过编制程序使其脉冲输出口 Y0、Y1、Y2 的脉冲输出时序符合三相步进电动机的旋转要求，这种控制方式不适用于精度较高定位控制的场合。

二、PLC 通过步进电动机驱动器控制

在一般情况下，PLC 通过步进电动机驱动器去控制步进电动机的运行，步进电动机驱动器是一个集功率放大、脉冲分配和步进细分为一体的电子装置。它把 PLC 发出的脉冲信号转化为步进电动机的角位移。这时 PLC 只管发出脉冲，通过控制脉冲的频率对步进电动机进行精确调整，通过方向信号对步进电动机进行换向，而且，三菱 FX 系列的脉冲输出指令 PLSY，PLSR 和定位指令 ZRN、DRVI、DRVA 均可使用，这给步进电动机的定位控制程序编

制带来了很多方便。

三、应用举例

例 4－1　图 4－16 所示为一个三相单、双六拍步进电动机脉冲系列，要求编制梯形图程序，输出符合要求的脉冲系列。

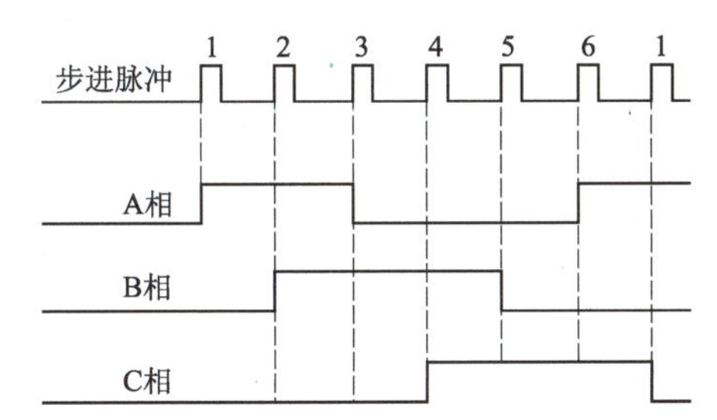

图 4－16　三相单、双六拍步进电动机脉冲系列

其梯形图程序 1 如图 4－17 所示。

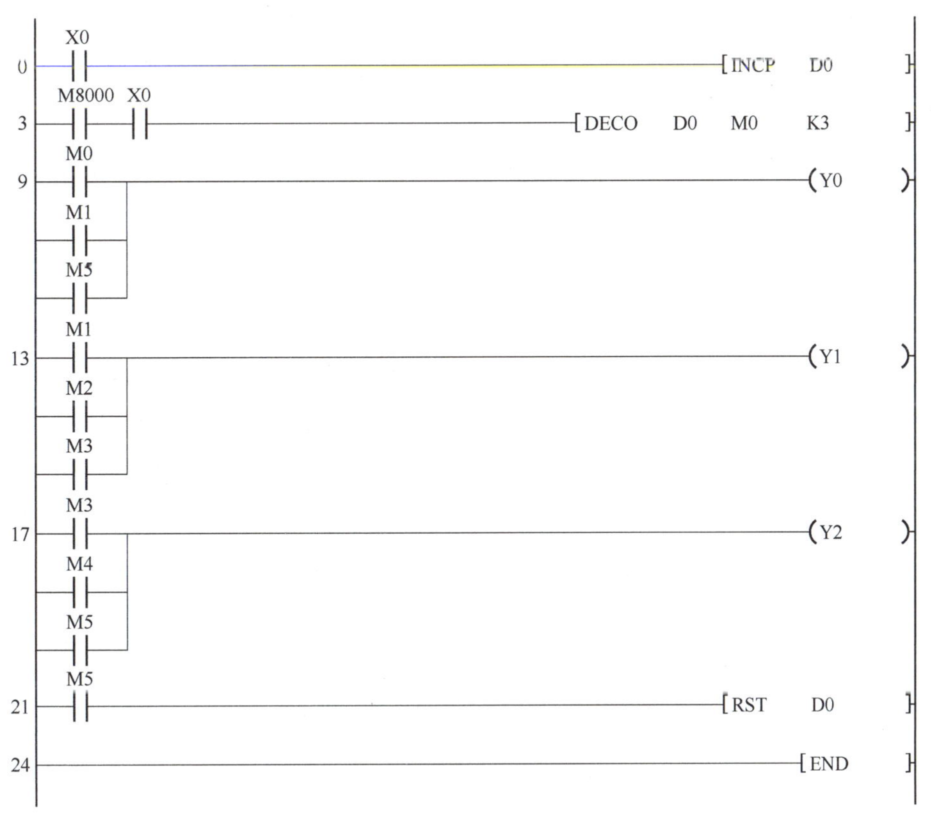

图 4－17　例 4－1 梯形图程序 1

其梯形图程序也可用下列方式，如图 4－18 所示。

例 4－2　PLC 通过步进电动机驱动器控制步进电动机运行的连接如图 4－19 所示。CP 表示步进脉冲信号；DIR 表示步进方向信号；FREE 表示脱机信号。假设电动机运转一周需要 1 000 个脉冲，试编制如下控制步进电动机的运行程序。

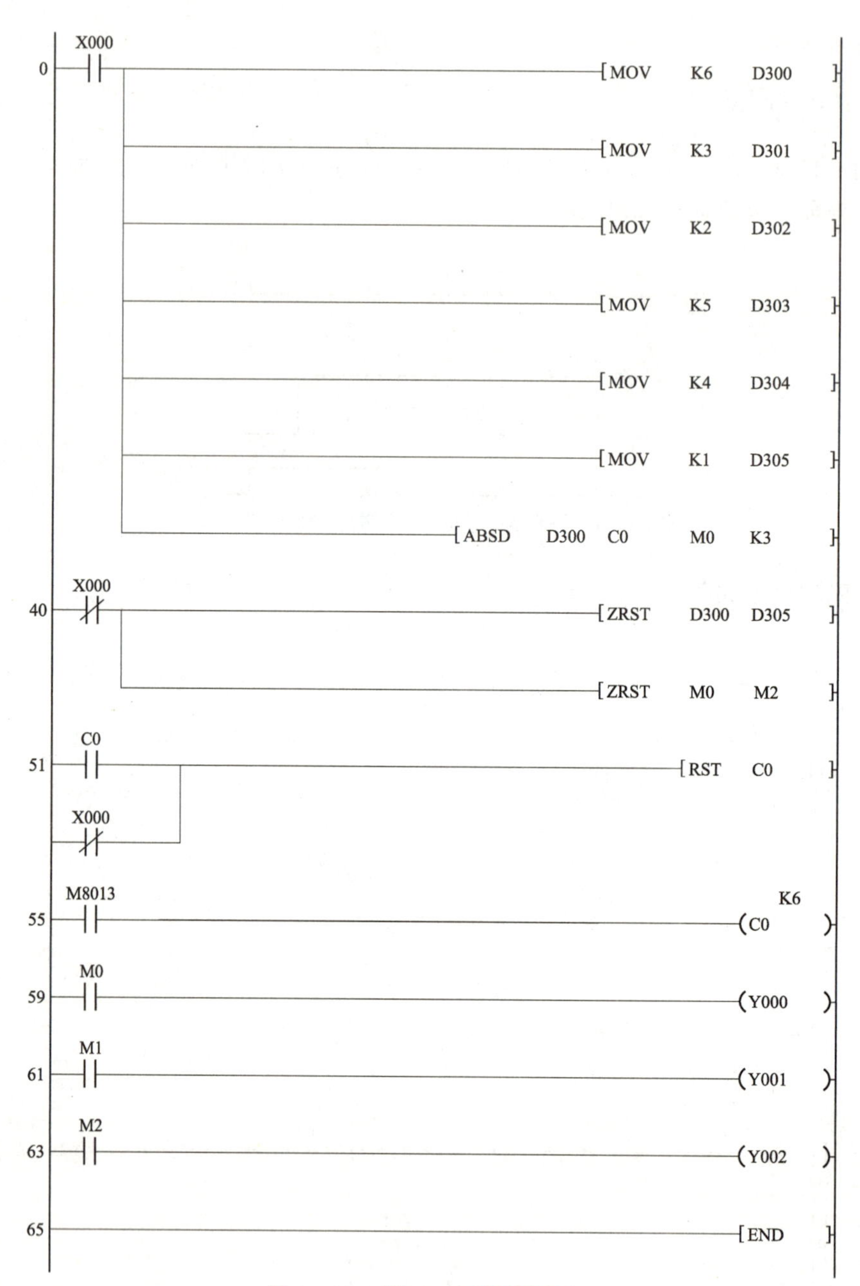

图 4－18　例 4－1 梯形图程序 2

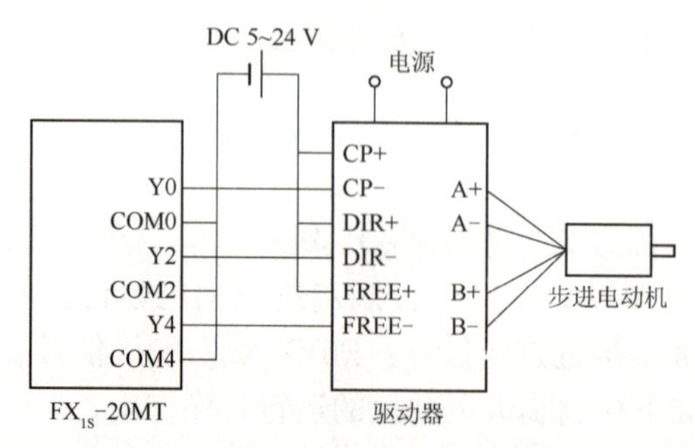

图 4－19　PLC 通过步进电动机驱动器控制步进电动机运行的连接

控制要求：电动机运转速度为 1 r/s，电动机正转 5 周，停止 2 s。再反转 5 周，停止 2 s，再正转 5 周，如此循环，直到按下停止按钮。

分析：

电动机运行频率为 1 r/s = 1 000 脉冲/s，频率为 K1 000。为了减少步进电动机的失步和过冲故障发生的次数，就采用 PLSR 指令输出脉冲。指令的各操作数设置：输出脉冲最高频率为 K1 000，输出脉冲个数为 K1 000 × 5 = K5 000，加减速时间为 200 ms，脉冲输出口为 Y0，Y2 为方向控制，其中 ON 为正转，OFF 为反转。

程序编制时，应当注意 PLSR 指令在程序中只能使用一次。

其梯形图程序如图 4－20 所示。

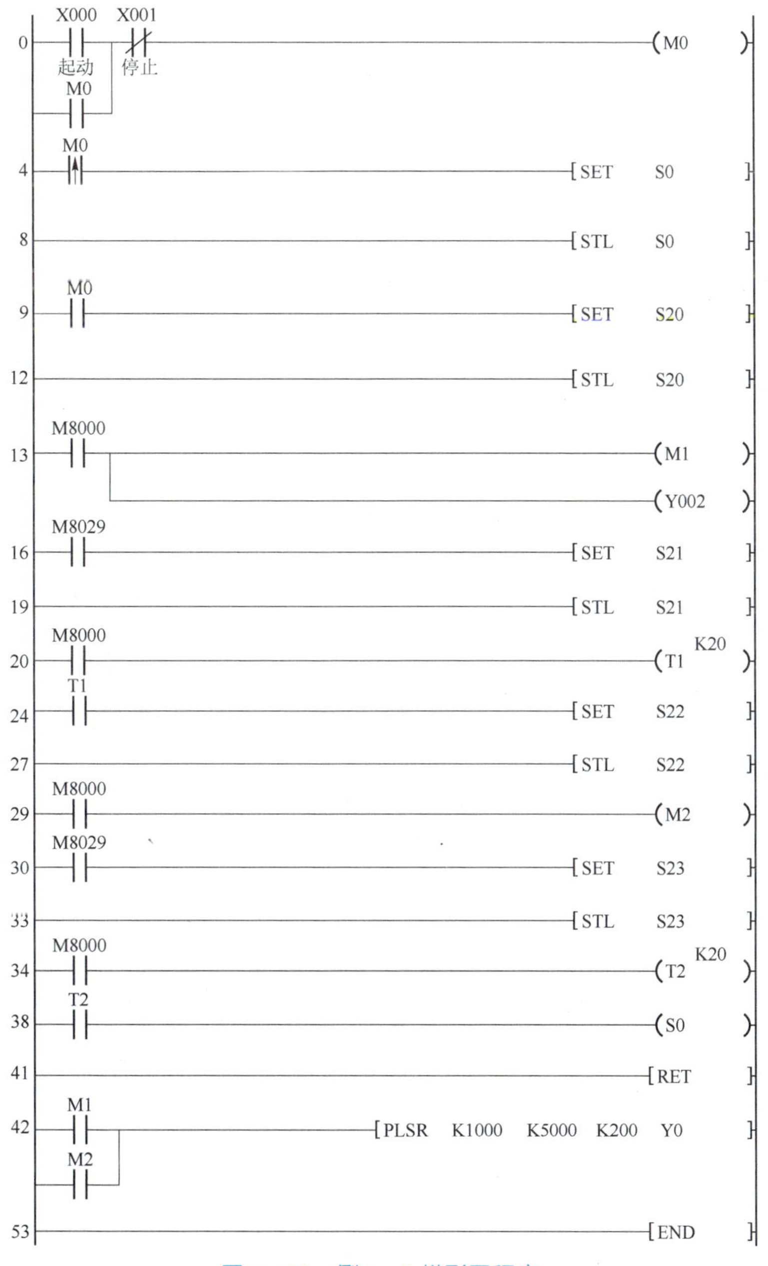

图 4－20　例 4－2 梯形图程序

【任务实施】

一、工具、仪表及电气元件

(1) 工具：测试笔、螺钉旋具、斜口钳、尖嘴钳、剥线钳、电工刀等。

(2) 仪表：MF47 型万用表、5050 型兆欧表。

(3) 电气元件：步进电动机，步进电动机驱动器。

二、任务内容

1. 例 4－2 接线和设定

(1) 完成接线。

(2) 完成驱动器的设定，计算脉冲数、脉冲频率。

(3) 编写程序。

(4) 调试。

2. 实现步进电动机正转和反转。

(1) PLC 型号的选择。

三菱 FX2N 系列 PLC，选择型号时需要注意必须是 MT 型号，MR 型号的 PLC 无法驱动电动机。

(2) I/O 口分配如表 4－8 所示。

表 4－8　I/O 口分配

I/O 口	功能
X0	正转按钮
X1	反转按钮
Y0	脉冲输出
Y2	方向控制

(3) 驱动器接线如图 4－21 所示。

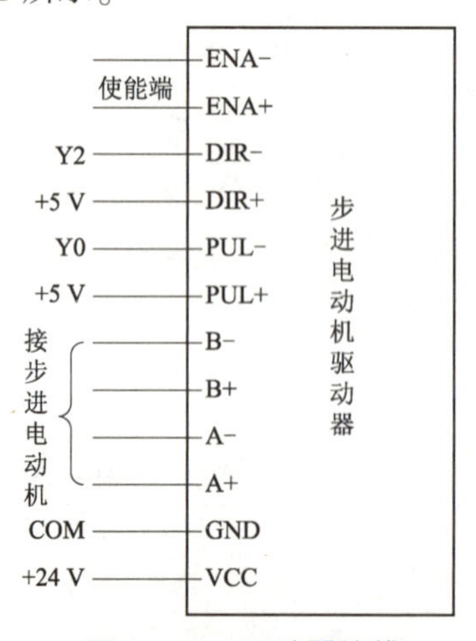

图 4－21　驱动器接线

程序可以通过修改 D2 数值，实现不同的转速，需要注意数据范围，其梯形图程序如图 4－22所示。

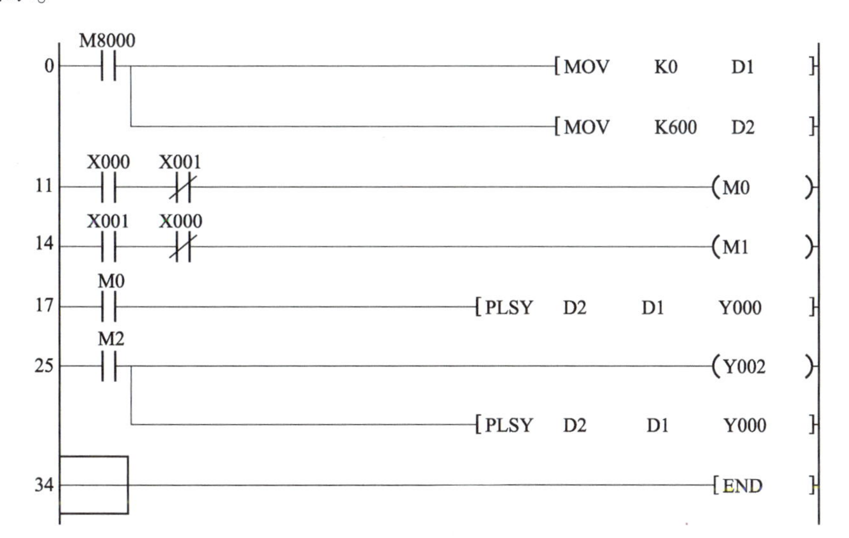

图 4－22　梯形图程序

（4）步进电动机任务内容和评分标准如表 4－9 所示。

表 4－9　步进电动机任务内容和评分标准

序号	任务内容	评分标准		配分	扣分	得分
1	步进电动机参数设置	参数设置不正确，每处扣 5 分		30		
2	外围接线	接线不正确，每项扣 5 分		30		
3	PLC 程序编写下载及调试	（1）程序错误，每处扣 5 分 （2）下载错误，每处扣 5 分 （3）调试错误，每处扣 5 分		30		
4	安全、文明生产	每违反一项扣 5 分		10		
5	工时	4 h				
6	备注		合计			
			教师签字	年　　月　　日		

【任务总结】

1. 步进电动机同相判断

我们拿到步进电动机时，会看到有四根不同颜色的线，但是往往不清楚具体哪两根是同一相，这里介绍一个简单的方法：拿起任意两根线短接后，拧动步进电动机轴，若有一定阻力，则表明短接的两根线同相；若是和没短接阻力一致，则表明短接的两根不同相。

2. 驱动器接线说明

（1）驱动器接线中使能端可以不接线；接好电源线后，其他的线保证接成闭合回路就好。（往往电动机不转的原因，就是没有将线接成闭合回路。）

（2）驱动器可以根据实际要求进行细分和电流控制，具体请参考驱动器说明书。

3. PLSY 指令说明

PLSY 是三菱 PLC 中的脉冲输出指令：

其中，S1. 表示输出脉冲频率或者其存储地址；S2. 表示输出脉冲个数或者其存储地址；D. 指定脉冲输出口，仅限 Y0 或者 Y1（FX2N 系列中）。

当驱动成立时，从输出口 D. 中输出脉冲，脉冲频率是 S1.，脉冲个数是 S2.，占空比是二分之一的脉冲串，其中当 S2. 的数值是 0 时，表示输出无数个脉冲。

项目评价

项目四评价细则如表 4－10 所示。

表 4－10　项目四评价细则

班级			姓名		同组姓名		
开始时间			结束时间				
序号	考核项目	考核要求	分值	评分标准	自评	互评	师评
1	学习准备（15 分）	资料准备	5	参与资料收集、整理，自主学习			
		计划制订	5	能初步制订计划			
		小组分工	5	分工合理，协调有序			
2	学习过程（50 分）	检测元器件	5	正确得分，否则酌情扣分			
		安装元器件	5	正确得分，否则酌情扣分			
		布线工艺	10	正确得分，否则酌情扣分			
		自检过程	5	符合要求得分，否则扣分			
		调试过程	10	符合功能要求得分，否则扣分			
		排故过程	5	排除故障得分，否则扣分			
		操作熟练程度	10	操作熟练得分，否则酌情扣分			
3	学习拓展（15 分）	知识迁移	5	能实现前后知识的迁移			
		应变能力	5	能举一反三，提出改进建议或方案			
		创新程度	5	有创新性建议提出			
4	学习态度（20 分）	主动程度	5	自主学习，主动性强			
		合作意识	5	协作学习，能与同伴团结合作			
		严谨细致	5	认真仔细，不出差错			
		问题研究	5	能在实践中发现问题，并用理论知识解释实践中的问题			
教师签字				总分			

项目作业

一、选择题

1. 正常情况下，步进电动机的转速取决于（　　）。

　A. 控制绕组通电频率　　B. 绕组通电方式

　C. 负载大小　　D. 绕组的电流

2. 某三相反应式步进电动机的转子齿数为50，其齿距角为（　　）。

　A. 7.2°　　B. 120°　　C. 360°电角度　　D. 120°电角度

3. 某四相反应式步进电动机的转子齿数为60，其步距角为（　　）。

　A. 1.5°　　B. 0.75°　　C. 45°电角度　　D. 90°电角度

4. 某三相反应式步进电动机的初始通电顺序为A→B→C，下列可使电动机反转的通电顺序为（　　）。

　A. C→B→A　　B. B→C→A　　C. A→C→B　　D. B→A→C

5. 下列关于步进电动机的描述正确的是（　　）。

　A. 抗干扰能力强　　B. 带负载能力强

　C. 将电脉冲转化成角位移　　D. 误差不会积累

二、简答题

1. 如何控制步进电动机的角位移和转速？步进电动机有哪些优点？
2. 步进电动机的转速和负载大小有关系吗？怎样改变步进电动机的转向？
3. 步进电动机的负载转矩小于最大静转矩时，电动机能否正常步进运行？
4. 为什么随着通电频率的增加，步进电动机的带负载能力会下降？

三、计算题

1. 有一台四相反应式步进电动机，其步距角为1.8°/0.9°，求：

　(1) 其转子齿数。

　(2) 写出四相八拍的一个通电顺序。

　(3) A相绕组的电流频率为400 Hz时的电动机的转速。

2. 一台四相步进电动机，若单相通电时矩角特性为正弦波，其幅值为T，则：

　(1) 求出两相通电时的最大静转矩。

　(2) 写出单相通电时的矩角特性。

　(3) 求四相八拍运行时的最大带负载转矩。

3. 一台五相十拍步进电动机，其转子齿数为48，A相绕组电流频率为60 Hz，求：

　(1) 电动机步距角。

　(2) 转速。

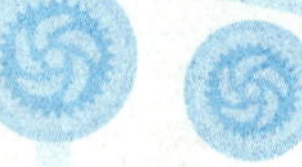

项目五 其他用途电机简介

项目需求

认识测速发电机的结构、工作原理与输出特性，了解力矩式、控制式自整角机的工作原理。

项目工作场景

电机作为驱动的主要动力源，被广泛应用在工农业、国防、医疗等领域。本项目介绍几种特殊用途的特种电机，主要包括在自动控制系统和计算装置中做检测、放大、执行和校正元件使用的电机，如测速发电机、自整角机等。

测速发电机被广泛用于各种速度或位置控制系统，在自动控制系统中作为检测速度的元件，以调节电动机转速或通过反馈来提高系统稳定性和精度；在结算装置中，可作为微分、积分元件，也可作为加速或延迟信号，或用来测量各种运动机械在摆动或转动以及直线运动时的速度。

自整角机在军用及民用产品中得到了广泛应用，如自动火炮、雷达天线的方位角及俯仰角的控制和指示，飞机、舰船平台的控制和指示，冶金、航海等位置和方位同步指示系统。

方案设计

任务1 测速发电机应用技术

(1) 测速发电机的结构与工作原理。

(2) 测速发电机的输出特性。

任务2 自整角机应用技术

(1) 力矩式自整角机的工作原理。

(2) 控制式自整角机的工作原理。

相关知识和技能

本项目介绍的几种电机属于特种电机。特种电机通常是指与传统电机相比，在工作原理、结构、性能或设计方面有自己的独特之处，且已有或将要有广泛应用场合的电机。我们

还可以将特种电机理解为容量和尺寸都比较小的特殊用途电机。

特种电机的范围相当广，根据用途不同大体可以分为驱动用特种电机、控制用特种电机和电源用特种电机。驱动用特种电机主要作为驱动机械或装备，例如直线电动机、微型同步电动机、永磁电动机等。控制用特种电机主要是在自动控制系统和计算装置中做检测、放大、执行和校正元件使用的电机，如自整角机、测速发电机、伺服电动机、步进电动机等。

特种电机是在普通电机的理论基础上发展起来的具有特殊用途的电机。就电磁过程和遵循的基本电磁规律来说，特种电机与一般电机并无本质区别。随着科学技术的飞速发展，由于特种电机具有高精确度、高灵敏度、高可靠性和方便灵活等特点，其用途已越来越广，其产品品种及数量也已经有了极大的增长。

任务1　测速发电机应用技术

【任务目标】

(1) 了解测速发电机的结构和工作原理。

(2) 了解测速发电机的输出特性。

(3) 学会测速发电机的选用和应用。

【任务分析】

测速发电机是一种测量转速的微型电机，能够将输入的机械转速变换为电压信号输出，且输出电压与转速成正比例关系。测速发电机在控制系统中主要作为阻尼元件、微分元件、积分元件和测速元件来使用。

按结构和工作原理的不同，测速发电机分为直流测速发电机和交流测速发电机。

【知识准备】

一、直流测速发电机

1. 直流测速发电机的分类

按照励磁方式不同，直流测速发电机可分为电磁式（图5－1）和永磁式（图5－2）两大类，其中永磁式直流测速发电机的定子采用永久磁钢制成，无须励磁绕组，具有结构简单、输出电压变化小、温度对磁场的影响较小等特点，被广泛应用。

2. 永磁式直流测速发电机的结构和原理

永磁式直流测速发电机（图5－3）主要由定子、转子和电刷组成，与小型直流发电机基本相似。测速发电机原理电路如图5－4所示。

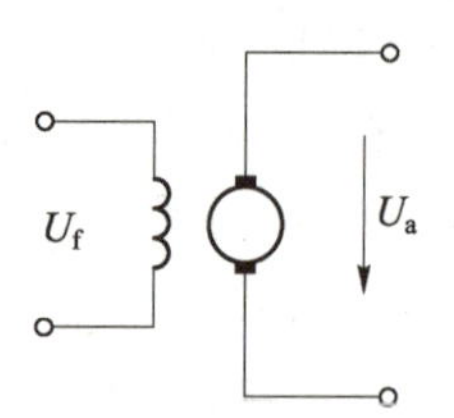

图 5-1　电磁式直流测速发电机

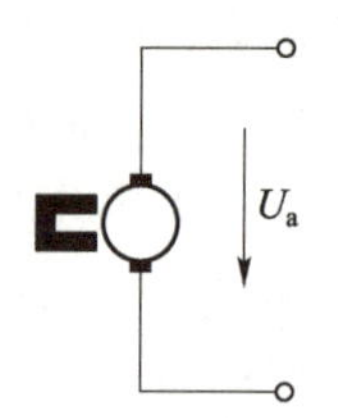

图 5-2　永磁式直流测速发电机

图 5-3　永磁式直流测速发电机

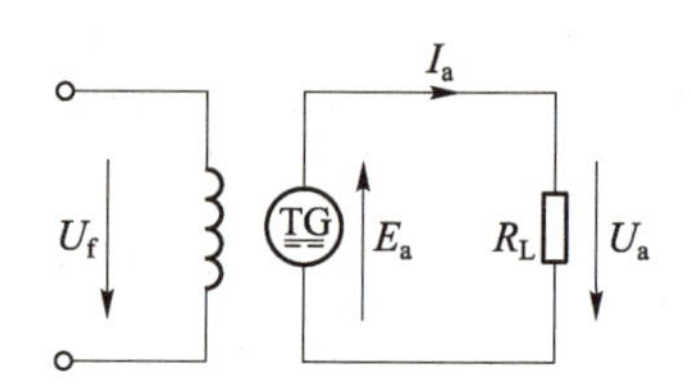

图 5-4　测速发电机原理电路

永磁式直流测速发电机的定子用永久磁钢激磁，一般为凸极式。转子上的转子绕组和换向器用电刷与外电路相连。由于定子采用永久磁铁励磁，永磁式直流测速发电机的气隙磁通总是保持恒定（忽略电枢反应影响），所以转子电动势 E 与转速成正比。

直流测速发电机的原理与小型直流发电机相同，不同的是直流测速发电机通常不对外输出功率或者对外输出很小的功率。

3. 直流测速发电机的输出特性

直流测速发电机的输出特性指输出电压与输入转速之间的关系。

在恒定磁场中，当转子以转速 n 切割磁通 Φ 时，电刷两端产生的感应电动势：

$$E = C_e\Phi n = C_1 n$$

式中　$C_1 = C_e\Phi$，称为电动势系数，当 Φ 恒定时为常数。

空载时，即$I_a = 0$ 时，输出电压U_a与感应电动势相等，故输出电压与转速成正比。

当直流测速发电机接上负载R_L时，电压平衡方程式为$U_a = E - R_a I_a$，由于$I_a = \dfrac{U_a}{R_L}$，可得：

$$U_a = \frac{E}{1 + \dfrac{R_a}{R_L}} = C_e\Phi n \Big/ \left(1 + \frac{R_a}{R_L}\right) \qquad (5-1)$$

根据式（5-1）可得：

$$U_a = C_1 n \frac{R_L}{R_a + R_L} = C_2 n \qquad (5-2)$$

可以看出，只要保持 Φ、R_a、R_L不变，直流测速发电机的输出电压U_a与转速 n 之间成正比的关系，只要测出直流测速发电机的输出电压，就可以测得被测机械的转速。当负载R_L变化时，输出特性斜率将发生变化，如图 5-5 所示。

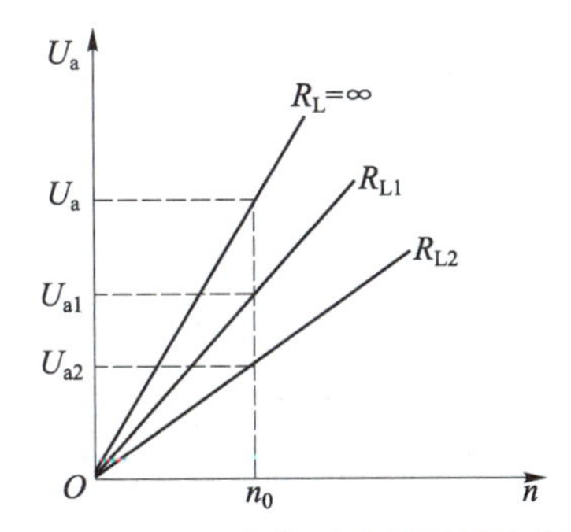

图 5-5　不同负载时的理想输出特性

4. 直流测速发电机的主要性能参数

直流测速发电机具有灵敏度高、可适用的负载阻抗小、温度补偿简便等优点，但结构与维护复杂、正向与反向输出特性对称性和一致性稍差、摩擦转矩较大、换向过程会产生一定的电磁干扰。直流测速发电机的主要性能参数如下：

（1）最大线性转速范围（n_{max}）。保证特性的线性误差小于规定数值时的最高工作转速。

（2）比电动势（$\Delta U/\Delta n$）。它也被称为灵敏度，是指直流测速发电机在额定励磁条件下单位转速对应的输出电压值。

（3）线性误差（δ_x）。规定工作转速范围内的实际输出电压与理想输出的最大差值占最大理想输出电压的百分数。

（4）最小负载电阻（R_{min}）。保证输出特性在允许误差范围内的最小负载电阻值。

（5）特性的不对称度（k）。直流测速发电机的正反向特性在相同转速下输出电压的差值占两输出电压平均值的百分数。

（6）纹波系数。输出电压交流分量的最大值与直流分量的百分比。

5. 直流测速发电机的应用

直流测速发电机由于有电刷和换向器，所以容易对无线通信产生干扰，且寿命较短，从而使其应用受到了限制。近年来，由于无刷测速发电机的发展，改善了它的性能，提高了使用可靠性，它获得了较多的应用。

我国生产的直流测速发电机 CY 为永磁系列，ZCF 为电磁系列；另外还有 CYD 系列高灵敏度直流测速发电机。

二、交流测速发电机

1. 交流测速发电机的分类

根据工作原理不同，交流测速发电机可分为同步测速发电机和异步测速发电机两大类。

同步测速发电机的输出电压频率与转速同时变化，电机本身的阻抗及负载也随转速变化，因此它的输出电压不再与转速成正比关系，在自动控制系统中很少使用，通常只作为指示转速计使用。

异步测速发电机与直流测速发电机一样，是一种测量转速或传递转速信号的元件，它可以将转速信号变为电压信号。在理想情况下，其输出电压与转速呈线性关系，而根据异步测速发电机转子结构的不同，又可分为鼠笼转子和空心杯转子。

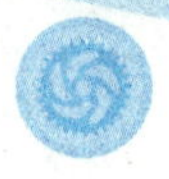

鼠笼转子异步测速发电机结构简单，但性能较差；空心杯转子异步测速发电机性能好，是目前应用最广泛的一种交流测速发电机。

2. 交流测速发电机的结构

空心杯异步交流测速发电机与空心杯转子的交流伺服电动机结构相似。定子上嵌有空间互差90°电角度的两相绕组，其中一个绕组 W_1 为励磁绕组，将其接到频率和大小都不变的交流励磁电压 $\dot{U}_1$ 上，另一个绕组 W_2 为输出绕组，如图5-6所示。

在机座号较小的电机中，一般把两相绕组都放在内定子上；在机座号较大的电机中，常把励磁绕组放在外定子上，把输出绕组放在内定子上，如图5-7所示。这样，如果在励磁绕组两端加上恒定的励磁电压 $\dot{U}_1$，当电机转动时，就可以从输出绕组两端得到一个与转速 n 成正比的输出电压 $\dot{U}_2$。

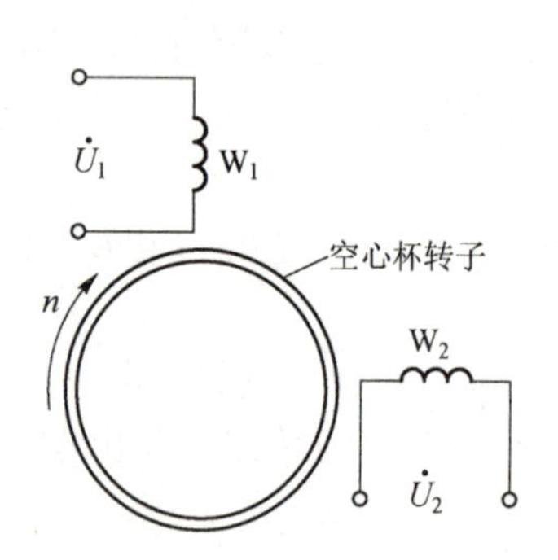

图5-6　空心杯异步交流测速发电机电磁结构

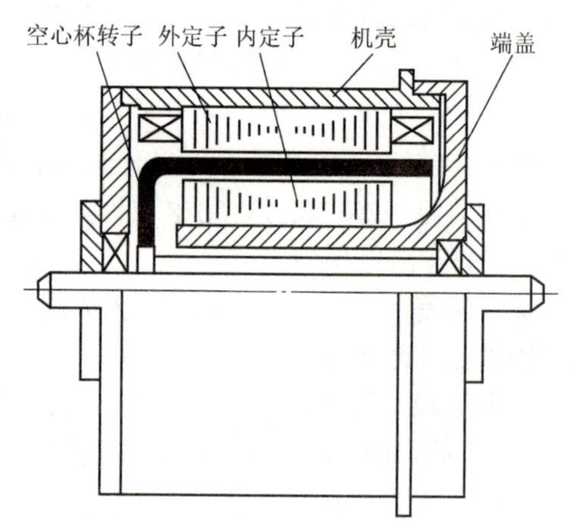

图5-7　空心杯异步交流测速发电机机械结构

3. 交流测速发电机的工作原理

图5-8所示为交流测速发电机工作原理，励磁绕组 W_1 接到交流电源上，电压为 $\dot{U}_1$，其幅值和频率均恒定不变。

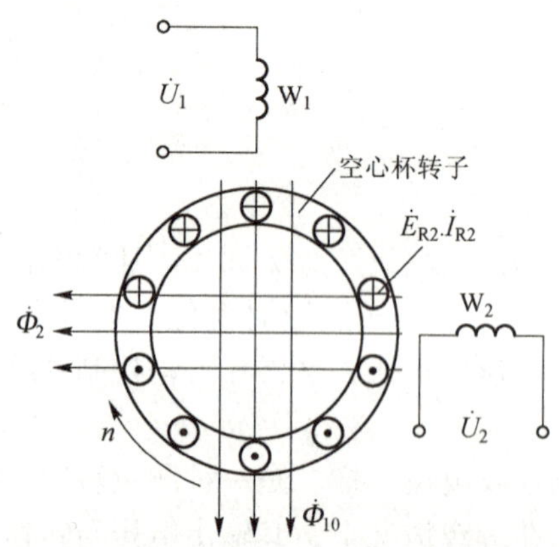

图5-8　交流测速发电机工作原理

当转子不动，即 $n=0$ 时，若在励磁绕组中加上频率为f_1的励磁电压U_1，则在励磁绕组中有电流通过，并在内、外定子间的气隙中产生频率与电源频率f_1相同的脉振磁场。脉振磁场的轴线与励磁绕组W_1的轴线一致，它所产生的脉振磁通Φ_{10}与励磁绕组和空心杯转子导体相匝链并随时间进行交变。这时励磁绕组W_1与空心杯转子之间的情况和变压器原边与副边之间的情况完全一样。

假如忽略励磁绕组W_1的电阻R_1及漏抗X_1，则可由变压器的电压平衡方程式看出，电源电压U_1与励磁绕组中的感应电势E_1相平衡，电源电压的值近似地等于感应电势的值，即

$$U_1 \approx E_1 \tag{5-3}$$

由于感应电势$E_1 \propto \Phi_{10}$，故

$$U_1 \propto \Phi_{10} \tag{5-4}$$

所以当电源电压一定时，磁通Φ_{10}也保持不变。

图 5-9 所示为某一瞬间磁通Φ_{10}的极性。由于励磁绕组与输出绕组相互垂直，所以磁通Φ_{10}与输出绕组W_2的轴线也互相垂直。这样，磁通Φ_{10}就不会在输出绕组W_2中感应出电势，所以当转速 $n=0$ 时，输出绕组W_2也就没有电压输出。

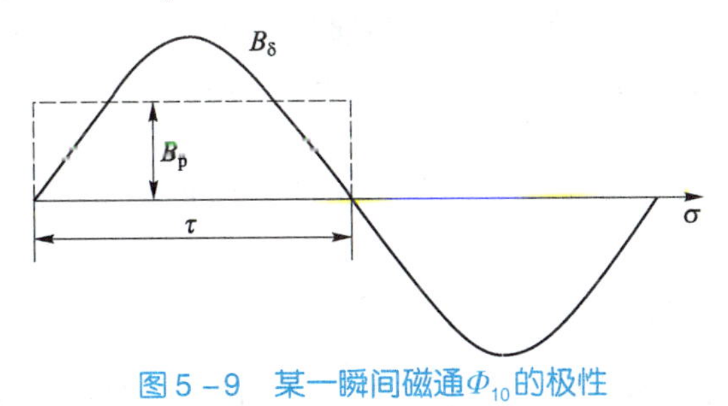

图 5-9　某一瞬间磁通Φ_{10}的极性

当转子以转速 n 转动时，若仍忽略R_1及X_1，则其沿着励磁绕组轴线脉振的磁通不变，仍为Φ_{10}。由于转子的转动，空心杯转子导体就要切割磁通Φ_{10}而产生切割电势E_{R2}（或称旋转电势），同时也就产生电流I_{R2}。假设励磁绕组中通入的是直流电，那么这时它所产生的磁场是恒定不变的，气隙磁通密度B_δ可被近似地看作正弦分布，如图 5-9 所示。这相当于直流电机的情况，根据直流电机中所述，每个极下转子导条切割电势的平均值可表示为

$$E_{R2} = B_p l v \tag{5-5}$$

式中　B_p——磁通密度的平均值。

由于每极磁通

$$\Phi_{10} = B_p l \tau$$

及

$$v = \pi D n / 60$$

式中　τ——极距；

D——定子内径；

l——定子、转子铁芯长度。

因此导条电势

$$E_{R2} \propto \Phi_{10} n \tag{5-6}$$

由于空心杯转子导条电阻R_R比导条漏抗X_R大得多，当忽略导条漏抗的影响时，导条中电流

$$I_{R2} = \frac{E_{R2}}{R_R} \tag{5-7}$$

与此同时，流过转子导体中的电流I_{R2}又要产生磁通Φ_2，Φ_2的值与电流I_{R2}成正比，即

$$\Phi_2 \propto I_{R2} \tag{5-8}$$

考虑式（5-6）及式（5-7）得

$$\Phi_2 \propto \Phi_{10} n \tag{5-9}$$

因此Φ_2的值与转速 n 成正比，且是交变的，其交变频率与转子导体中的电流频率f_1一样。不管转速如何，由于转子上半圆导体的电流方向与下半圆导体的电流方向总相反，而转子导体沿着圆周又是均匀分布的，因此，转子切割电流I_{R2}产生的磁通Φ_2在空间的方向总是与磁通Φ_{10}垂直，而与输出绕组W_2的轴线方向一致。它的瞬时极性可按右手螺旋定则由转子电流的瞬时方向确定，如图 5-8 所示。这样当磁通Φ_2交变时，就要在输出绕组W_2中感应出电势，这个电势就产生测速发电机的输出电压U_2，它的值正比于Φ_2，因此可得到：

$$U_2 \propto U_1 n \tag{5-10}$$

这就是说，当励磁绕组加上电源电压U_1，电动机以转速 n 旋转时，测速发电机的输出绕组将产生输出电压U_2，其值与转速 n 成正比。当转向相反时，由于转子中的切割电势、电流及其产生的磁通的相位都与原来相反，因而输出电压U_2的相位也与原来相反。这样，异步测速发电机就可以很好地将转速信号变成电压信号，实现测速的目的。

由于磁通Φ_2是以频率f_1在交变的，因此输出电压U_2也是交变的，其频率等于电源频率f_2，与转速无关。

4. 交流异步测速发电机的主要参数

交流测速发电机具有结构简单、运行可靠、特性稳定且对称性好、摩擦转矩小等优点，但与直流测速发电机相比，其缺点也比较突出，主要表现在特性受负载大小及其性质影响较大、存在相位误差和剩余电压、灵敏度较低等。交流异步测速发电机的主要参数如下：

（1）最大线性转速范围（n_{max}）。

（2）输出电压斜率（即灵敏度）。

（3）线性误差（δ_x）。

（4）相位误差（在规定的工作转速范围内，输出电压与励磁电压最大的超前或滞后相位差的绝对值之和）。

（5）剩余电压（交流异步测速发电机在额定励磁条件下，转子静止时输出的电压值）。

（6）励磁电压、电流、频率和功率（交流异步测速发电机为了减小误差，通常采用中频电源供电来增大同步转速，减小相对误差）。

5. 交流测速发电机的应用

与直流测速发电机相比，空心杯转子测速发电机具有结构简单、工作可靠等优点，是目前较为理想的测速元件。

目前，我国生产的空心杯转子测速发电机为 CK 系列，频率有 50 Hz 和 400 Hz 两种，电压等级有 36 V、110 V 等。

三、应用实例

直流测速发电机控制系统原理如图 5-10 所示。其中，直流伺服电动机 SM 拖动的是一

个旋转机械负载。当负载转矩变化时，电动机转速也随之改变。为了使旋转机械保持恒速，在电动机 SM 轴上耦合一台直流测速发电机 TG，将 TG 输出电压送入系统的输入端作为反馈电压U_f，且将U_f与给定电压U_g进行比较，作为放大器的输入电压。

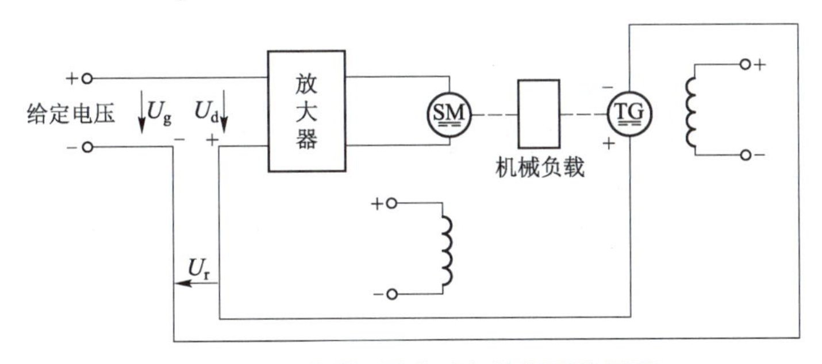

图 5－10 直流测速发电机控制系统原理

当负载阻转矩由于某种因素增加时，电动机转速将减小，此时直流测速发电机输出电压也随之减小，使放大器输入电压增加，电动机电压增加，转速增加。反之，若负载阻转矩减小，转速增加，则测速发电机输出电压增大，放大器输入电压减小，电动机转速下降。这样，即使负载阻转矩发生扰动，由于测速发电机的速度负反馈所起的调节作用，旋转机械的转速变化很小，近似于恒速，从而起到转速校正的作用。

【任务实施】

（1）按图 5－11 接线。图中直流电机 M 选用 DJ25 作他励接法，永磁式直流测速发电机为 HK10，R_{f1}选用 900 Ω 阻值，R_Z 选用 10 kΩ/2 W 电阻，把 R_{f1} 调至输出电压最大位置，电压表选择直流电压表的 20 V 挡，S 选择控制屏上的开关并断开。

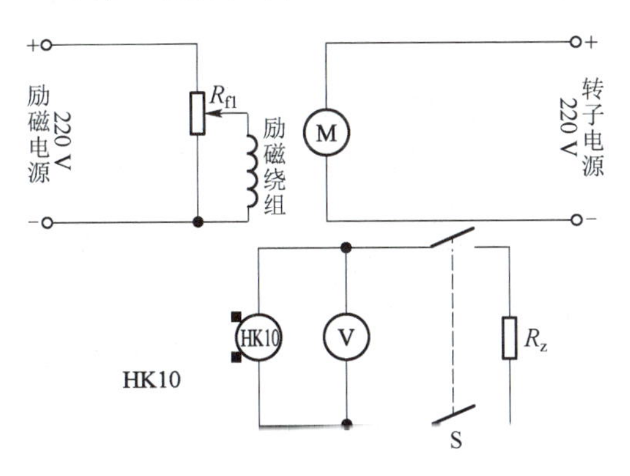

图 5－11 直流测速发电机的接线

（2）先接通励磁电源，再接通转子电源，并将转子电源调至 220 V，使电动机运行，调节励磁电阻 R_{f1}，使转速达 1 600 r/min，然后减小励磁电阻 R_{f1}和转子电源输出电压使电动机逐渐减速，每减少 200 r/min 记录对应的转速和输出电压。

（3）共测取 8～9 组，记录于表 5－1 中。

（4）合上双刀双掷开关 S，重复上面步骤，记录 8～9 组数据于表 5－2 中。

表 5－1　双掷开关未合上时转速和输出电压试验数据

转速/(r·min^{-1})									
输出电压/V									

表 5－2　双掷开关合上时转速和输出电压试验数据

转速/(r·min^{-1})									
输出电压/V									

（5）作出 $U=f(n)$ 曲线。

（6）任务内容和评分标准如表 5－3 所示。

表 5－3　任务内容和评分标准

序号	任务内容	评分标准		配分	扣分	得分
1	元器件检测	元器件检测不正确，每处扣 5 分		30		
2	按图接线	接线不正确，每项扣 5 分		30		
3	数据处理	（1）数据测量错误，每处扣 5 分 （2）数据处理错误，每处扣 5 分		30		
4	安全、文明生产	每违反一项扣 5 分		10		
5	工时	4 h				
6	备注		合计			
			教师签字	年　　月　　日		

【任务总结】

自动控制系统对测速发电机的基本要求是：

（1）发电机的输出电压与被测机械的转速保持严格的正比关系，不应随外界条件的变化而改变。

（2）发电机的转动惯量应尽量小，以保证反应迅速、快捷。

（3）发电机的灵敏度要高。

此外，还要求它对无线通信的干扰小、噪声小、结构简单、体积小、重量轻和工作可靠。

任务 2　自整角机应用技术

【任务目标】

（1）了解力矩式自整角机的工作原理。

（2）了解控制式自整角机的工作原理。

（3）学会自整角机的选用与应用。

【任务分析】

在自动控制系统中，常常需要指示位置或角度的数值，需要远距离调节执行机构的速度，需要某一根或多根轴随着另外的与其无机械连接的轴同步转动，于是出现了自整角机，即用来实现自动指示角度和同步传输角度的一类控制电机。

【知识准备】

自整角机是一种感应式电动机元件，也是一种对角位移或角速度的偏差自动调整的控制类电动机。它能将转轴的转角变换成电压信号，或将电压信号变成转角。它被广泛应用于自动控制系统中，通常是两台或多台自整角机组合使用。

在自动控制系统中，主令轴上装的自整角机被称为发送机，它将转轴的转角变换为电信号；输出轴上装的自整角机被称为接收机，将发送机发送的电信号变换为转轴的转角，实现角度的传输、变换和接收。

一、自整角机的功能与分类

根据在系统中作用的不同，自整角机可分为控制式和力矩式两大类。前者用作测角原件，后者用于同步指示系统中。

自整角机的分类与功能如表 5 -4 所示。

表 5 -4　自整角机的分类与功能

分类		国内代号	国际代号	功能
力矩式	发送机	ZLF	TX	将转轴的转角变换成电信号输出
	接收机	ZLJ	TR	接收力矩发送机的电信号，变换成转子的机械能输出
	差动发送机	ZCF	TDX	串接于力矩式发送机与接收机之间，将发送机转角及自身转角的和（或差）转化为电信号，并将其输送至接收机
	差动接收机	ZCJ	TDR	串接于两个力矩发送机之间，接收其电信号，并使自身转轴的转角等于两个发送机转角的和（或差）
控制式	发送机	ZKF	CX	同力矩式发送机
	变压器	ZKB	CT	接收控制式发送机的信号，并将其变换成与失调角成正弦关系的电信号
	差动发送机	ZKC	CDX	串接于发送机与变压器之间，将发送机转角及其自身转角的和（或差）转变为电信号，输送到变压器

控制式自整角机的作用是作为角度和位置的检测元件，可将机械角度转换为电信号或将角度的数字量转变为电压模拟量，其接收机的转轴上不带负载，没有力矩输出，只输出电压信号。因此，其精度较高，误差范围仅有 3～14，多用于精密的闭环控制的伺服系统中。

力矩式自整角机的作用是直接达到转角随动的目的，即将机械角度变换为力矩输出，但没有力矩放大作用，接收误差较大，负载能力较差，其接收机轴上产生的转矩仅能转动指针、刻度盘等轻载荷，其静态误差范围为 0.5°～2°。

二、自整角机的结构

自整角机的结构和一般旋转电机相似，主要由定子和转子两大部分组成。定子铁芯的内圆和转子铁芯的外圆之间存在很小的气隙。定子和转子也分别有各自的电磁部分和机械部分。自整角机的结构如图 5－12 所示。定子铁芯由冲有若干槽的薄硅钢片叠压而成，图 5－13 所示为定子铁芯冲片。

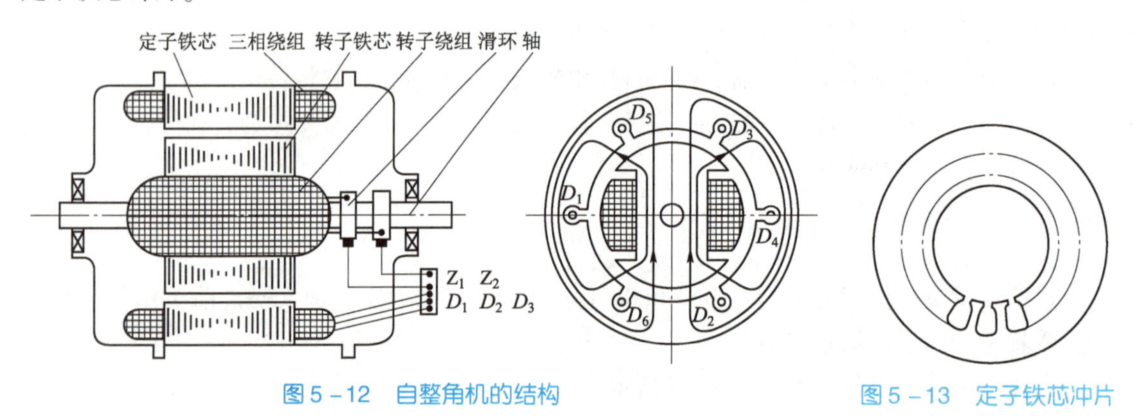

图 5－12 自整角机的结构

图 5－13 定子铁芯冲片

定子铁芯上嵌有三相星型连接的对称绕组，被称为整部绕组，转子为凸极式或隐极式，具有单相或三相励磁绕组，转子绕组通过电刷和滑环装置与外电路相连。图 5－14 所示为隐极式自整角机定子和转子结构。

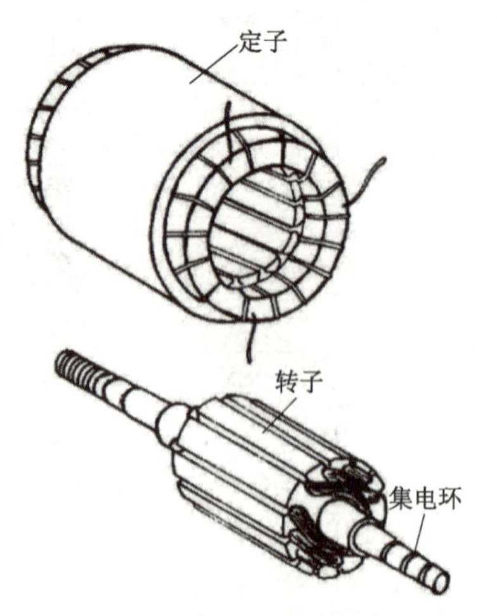

图 5－14 隐极式自整角机定子和转子结构

三、力矩式自整角机工作原理

在随动系统中，不需要放大器和伺服电动机的配合，两台力矩式自整角机就可以进行角度传递，因而常用以转角指示。其工作原理如图 5－15 所示。

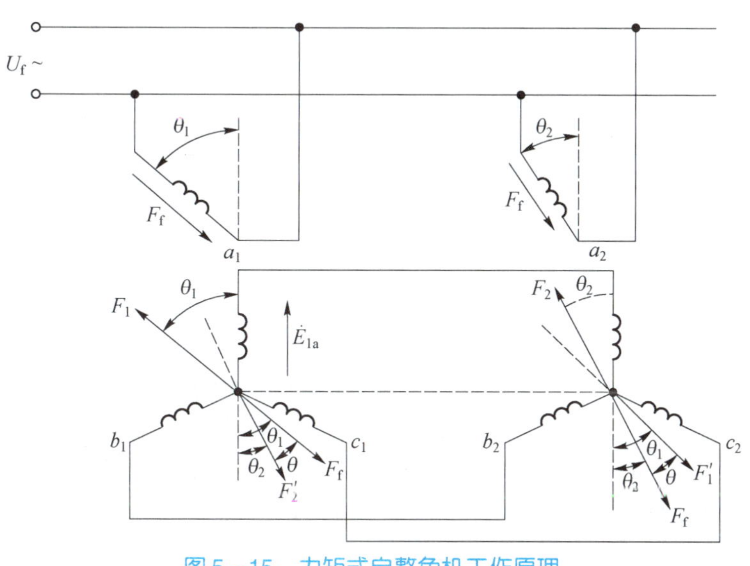

图 5－15　力矩式自整角机工作原理

将两台完全相同的力矩式自整角机的励磁绕组接到同一单相交流电源上，三相整步绕组对应相接，左侧为发送机，右侧为接收机。假设三相整步绕组产生的磁势在空间按正弦规律分布，磁路不饱和，并忽略电枢反应，那么在分析时便可用叠加原理。

当两机的励磁绕组中通入单相交流电流时，两机的气隙中便产生脉动磁场，在整步绕组中感应出电动势。当发送机和接收机的转子位置一致时，由于双方的整步绕组回路中的感应电动势大小相等、方向相反，所以回路中无电流通过，因此不产生整步转矩，此时两机处于稳定的平衡位置。

当发送机的转子转角为 θ_1，接收机转子转角为 θ_2时，我们可以将力矩式自整角机工作时电机内磁势情况看成发送机励磁绕组与接收机励磁绕组分别单独接电源时所产生的磁势的线性叠加，那么在整步绕组回路中将出现感应电动势，引起均衡电流。此均衡电流与励磁绕组所建立的相互作用产生转矩，使接收机偏转相同角度。

四、控制式自整角机工作原理

控制式自整角机工作原理如图 5－16 所示，由结构、参数均相同的两台自整角机构成自整角机组。一台用来发送转角信号，它的励磁绕组被接到单相交流电源上，称为自整角发送机，用 F 表示。另一台用来接收转角信号并将转角信号转换成励磁绕组中的感应电动势输出，称为自整角接收机，用 J 表示。两台自整角机定子中的整步绕组均被接成星形，三对相序相同的相绕组分别接成回路。

在自整角发送机的励磁绕组中通入单相交流电流时，两台自整角机的气隙中都将产生脉振磁场，脉振磁场使自整角发送机整步绕组的各相绕组生成时间上同相位的感应电动势，电动势的大小取决于整步绕组中各相绕组的轴线与励磁绕组轴线之间的相对位置。当整步绕组

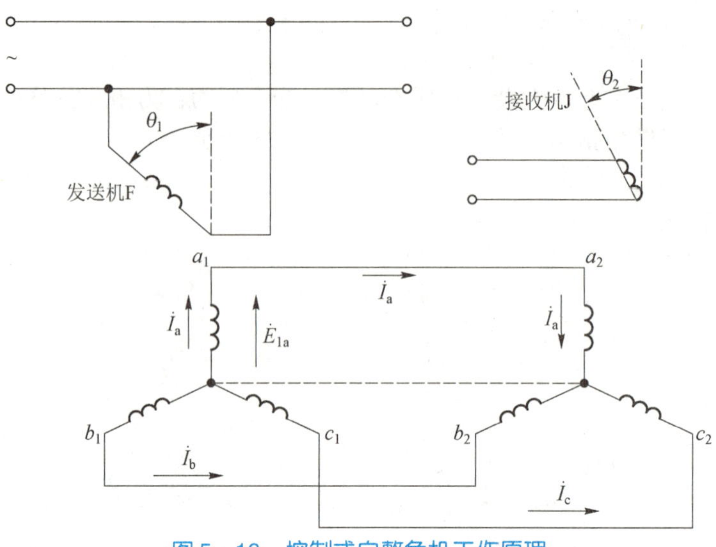

图 5-16　控制式自整角机工作原理

中某一相绕组的轴线与励磁绕组轴线重合时，该相绕组中的感应电动势为最大。

控制式自整角机输出电动势的大小反映发送机转子的偏转角度，输出电动势的极性反映发送机转子的偏转方向，从而实现将转角转换成电信号。

五、力矩式自整角机的应用

1. 力矩式自整角机的应用场合

力矩式自整角机本身不能放大力矩，要带动接收机轴上的机械负载，就必须由自整角机一方的驱动装置供给转矩。力矩式自整角机系统为开环系统，用在角度传输精度要求不高的系统，如远距离指示液面的高度、阀门的开度、电梯和矿井提升机的位置、变压器的分接开关位置等。

2. 应用举例

力矩式自整角机广泛用作测位器。下面以测水塔水位的力矩式自整角机为例说明其应用。测量水塔内水位示意如图 5-17 所示，浮子随着水面升降而上下移动，并通过绳子、滑轮和平衡锤使自整角发送机 ZLF 转子旋转。

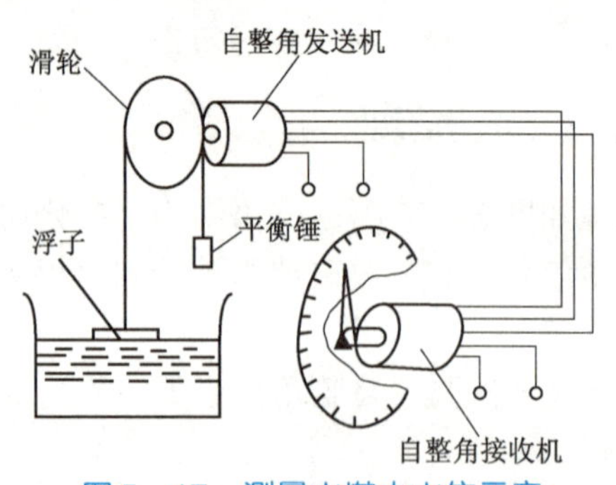

图 5-17　测量水塔内水位示意

根据力矩式自整角机的工作原理可知，由于发送机和接收机的转子是同步旋转的，所以

接收机转子上所固定的指针能准确地指向刻度盘所对应的角度，也就是发送机转子所旋转的角度。若将角位移换算成线位移，就可以方便地测出水面的高度，实现远距离测量的目的。

六、控制式自整角机的应用

1. 控制式自整角机的应用场合

控制式自整角机接收机的转轴不直接带动负载，即没有力矩输出，当发送机和接收机转子之间存在角度差（即失调角）时，接收机将输出与失调角按正弦函数规律的电压，将此电压加给伺服放大器，用放大后的电压来控制伺服电动机，再驱动负载。由于接收机工作在变压器状态，通常称其为自整角变压器。控制式自整角机系统为闭环系统，它应用于负载较大及精度要求高的随动系统。

2. 应用举例

控制式自整角机的典型应用是组成同步伺服系统，如图 5－18 所示。自整角发送机的转轴为输入端，如果其直接与雷达天线的高低角（俯仰角）耦合，则雷达天线的高低角也就是自整角发送机的输入转角，用自整角变压器将自整角发送机的转角变化信号变换成电信号，经伺服放大器放大后，驱动伺服电动机转动，进行位置角控制，再经过减速齿轮减速后，带动自整角变压器转子和负载（如火炮或刻度盘）转动，直到自整角变压器转子转过与自整角发送机转子相同的角度后，自整角变压器输出电压为零，整个系统才停止转动。

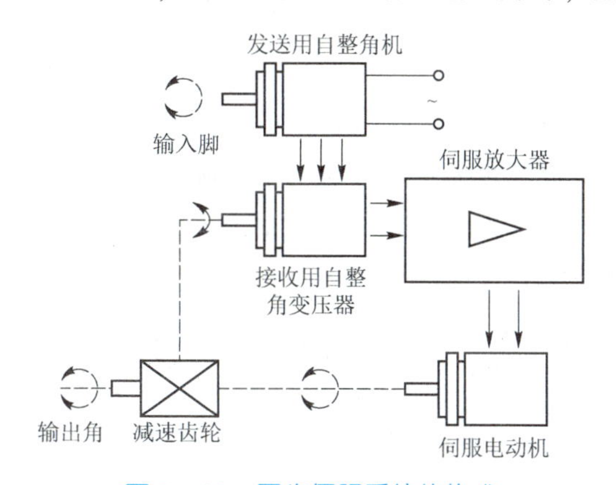

图 5－18　同步伺服系统的构成

【任务实施】

1. 测定控制式自整角机变压器输出电压与失调角的关系 $U_2=f(\theta)$

（1）按图 5－19 接线。

（2）发送机加额定电压，旋转发送机刻度盘至 0°位置并固紧。

（3）用手缓慢旋转自整角机变压器的指针圆盘，接在 L_1、L_2 两端的数字电压表就会有相应读数，找到输出电压为最小值的位置，即初始零点。

（4）用手缓慢旋转自整角机变压器的指针圆盘，指针每转过 10°测量一次自整角机变压器的输出电压 U_2。

（5）测取各点 U_2 及 θ 值并记录于表 5－5 中。

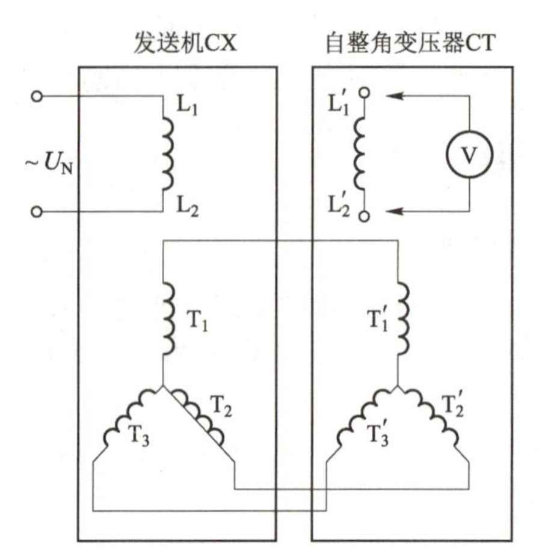

图 5－19　控制式自整角机试验接线

表 5－5　输出电压与失调角的关系试验数据

角度 θ/（°）	0	10	20	30	40	50	60	70	80
电压 U_2/V									

角度 θ/（°）	90	100	110	120	130	140	150	160	170	180
电压 U_2/V										

2. 测定比电压 U_θ

比电压是指自整角机变压器在失调角为 1°时的输出电压，单位为 V/（°）。

在上述测定控制式自整角机变压器输出电压与失调角关系的试验时，用手缓慢旋转自整角机变压器的指针圆盘，使指针转过起始零点 5°，保持这一位置并记录此时自整角机变压器的输出电压 U_2，计算失调为 1°时的输出电压。

3. 作出自整角机变压器输出电压与失调角的关系 $U_2=f(\theta)$ 的函数图像。

4. 任务内容和评分标准

任务内容和评分标准如表 5－6 所示。

表 5－6　任务内容和评分标准

序号	任务内容	评分标准		配分	扣分	得分
1	元器件检测	元器件检测不正确，每处扣 5 分		30		
2	按图接线	接线不正确，每项扣 5 分		30		
3	数据处理	（1）数据测量错误，每处扣 5 分 （2）数据处理错误，每处扣 5 分		30		
4	安全文明生产	每违反一项扣 5 分		10		
5	工时	4 h				
6	备注		合计			
			教师签字	年　　月　　日		

【任务总结】

一、自整角机选用的注意事项

（1）自整角机的励磁电压和频率必须与使用的电源符合。对尺寸小的自整角机，选电压低的比较可靠；对长传输线，选用电压高的可降低线路压降的影响；要求体积小、性能好的，应选 400 Hz 的自整角机，否则，采用工频比较方便（不需要专用中频电源）。

（2）相互连接使用的自整角机，其对接绕组的额定电压和频率必须相同。

（3）在电源容量允许的情况下，应选用输入阻抗较低的发送机，以便获得较大的负载能力。

（4）选用自整角变压器时，应选输入阻抗较高的产品，以减轻发送机的负载。

二、控制式和力矩式自整角机的对照

控制式和力矩式自整角机各有不同的特点，选用时应根据负载能力、精度要求、系统结构和造价等方面综合考虑，其对照如表 5－7 所示。

表 5－7　控制式和力矩式自整角机的对照

项目	控制式自整角机	力矩式自整角机
负载能力	自整角变压器只输出信号，负载能力取决于系统中伺服电动机及放大器的功率	接收机的负载能力受到精度及整步转矩的限制，故只能带动指针、刻度盘等轻负载
精度要求	较高	较低
系统结构	较复杂，需要用伺服电动机、放大器、减速齿轮等	较简单，不需要用其他辅助元件
系统造价	较高	较低

项目评价

项目五评价细则如表 5－8 所示。

表 5－8　项目五评价细则

<table>
<tr><td colspan="2">班级</td><td></td><td colspan="2">姓名</td><td>同组姓名</td><td colspan="3"></td></tr>
<tr><td colspan="2">开始时间</td><td></td><td colspan="3">结束时间</td><td colspan="3"></td></tr>
<tr><td>序号</td><td>考核项目</td><td>考核要求</td><td>分值</td><td colspan="2">评分标准</td><td>自评</td><td>互评</td><td>师评</td></tr>
<tr><td rowspan="3">1</td><td rowspan="3">学习准备
（15 分）</td><td>资料准备</td><td>5</td><td colspan="2">参与资料收集、整理，自主学习</td><td></td><td></td><td></td></tr>
<tr><td>计划制订</td><td>5</td><td colspan="2">能初步制订计划</td><td></td><td></td><td></td></tr>
<tr><td>小组分工</td><td>5</td><td colspan="2">分工合理，协调有序</td><td></td><td></td><td></td></tr>
</table>

续表

序号	考核项目	考核要求	分值	评分标准	自评	互评	师评
2	学习过程（50 分）	检测元器件	5	正确得分，否则酌情扣分			
		安装元器件	5	正确得分，否则酌情扣分			
		布线工艺	10	正确得分，否则酌情扣分			
		自检过程	5	符合要求得分，否则扣分			
		调试过程	10	符合功能要求得分，否则扣分			
		排故过程	5	排除故障得分，否则扣分			
		操作熟练程度	10	操作熟练得分，否则酌情扣分			
3	学习拓展（15 分）	知识迁移	5	能实现前后知识的迁移			
		应变能力	5	能举一反三，提出改进建议或方案			
		创新程度	5	有创新性建议提出			
4	学习态度（20 分）	主动程度	5	自主学习，主动性强			
		合作意识	5	协作学习，能与同伴团结合作			
		严谨细致	5	认真仔细，不出差错			
		问题研究	5	能在实践中发现问题，并用理论知识解释实践中的问题			
教师签字				总分			

项目作业

简答题

1. 测速发电机的作用是什么？它主要在什么场合使用？
2. 常用的测速发电机有哪几种？
3. 简述交流测速发电机的工作原理。
4. 简述直流测速发电机的结构及工作原理。
5. 自整角机的功能是什么？单独一台自整角机有无实用价值？
6. 简述力矩式自整角机的用途及其工作原理。
7. 简述控制式自整角机的用途及其工作原理。

项目六　典型案例综合训练

项目需求

通过具体的典型案例综合学习多种方式控制电机的调速运行；进一步学习并掌握通过继电器、变频器控制三相交流电动机的方法；理解步进电动机和伺服电动机的控制方法，并掌握具体项目的综合调试的方法，进一步提高综合调试程序的能力。

项目工作场景

系统工作任务是用 YL－158G 电工技术实训考核设备模拟数控机床对工件进行特定的加工。本项目参照企业模式以工作单的形式给定任务，学生按照图纸要求，在 YL－158G 设备上完成元器件的选择及安装、三相交流异步电动机控制电路的安装与调试、步进电动机控制电路的安装与调试、交流伺服电动机控制电路的安装与调试任务。

工件加工前，先将工件装夹并在工作台上固定好。图 6－1 所示为系统运行示意。按下启动按钮 SB_1，运行工作指示灯亮，砂轮电动机 M_1 低速起动，5 s 后进入正常的高速工作状态。接着，M_2 旋转 180°停止（顺时针正向）；2 s 后 M_4 下降（顺时针正向）6 mm停止；再过 2 s，M_3 起动，拖动工作台在 *A* 点（SQ_1）和 *B* 点（SQ_2）间来回运动（*A* 点到 *B* 点顺时针正向，*B* 点到 *A* 点逆时针反向。为了确保安全，在 *A* 点和 *B* 点的外端分别安装了 SQ_3 和 SQ_4 两个极限位置开关，只要工作台运行时超越了这两个位置，整个设备就应该停止工作并报警），即从 *A* 点运动到 *B* 点处停 4 s，再返回 *A* 点处停 5 s，这样运行 3 个周期后停止；2 s 后 M_4 上升（逆时针反向）5 mm 停止；再过 2 s，工作台反向旋转 180°停止（逆时针）；2 s 后 M_4 下降 6 mm 停止；再过 2 s M_1 停止，等待下一个工件的加工。工作台在移动过程中需要冷却系统进行冷却（按第二段速运行）。

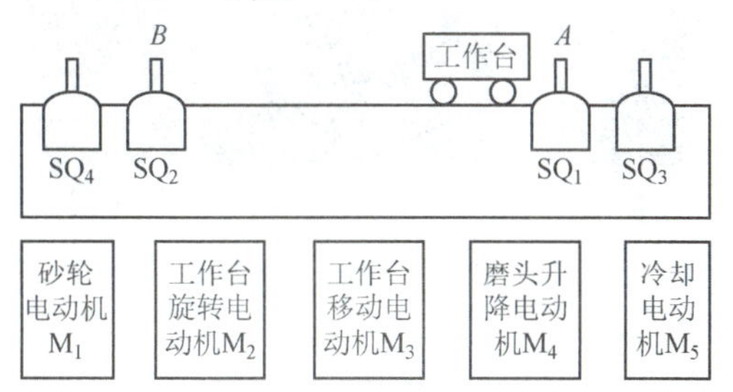

图 6－1　系统运行示意

方案设计

加工设备由 M_1（Y－△降压起动交流电动机）、M_2（由步进驱动器拖动）、M_3（三相异步电动机）、M_4（伺服电动机）和 M_5（由变频器拖动的三相异步电动机）等组成。

相关知识和技能

本任务拟采用 YL－158G 电工技术实训考核设备作为工作平台，其正面外观如图 6－2 所示。它的外形主要元件布置如下：

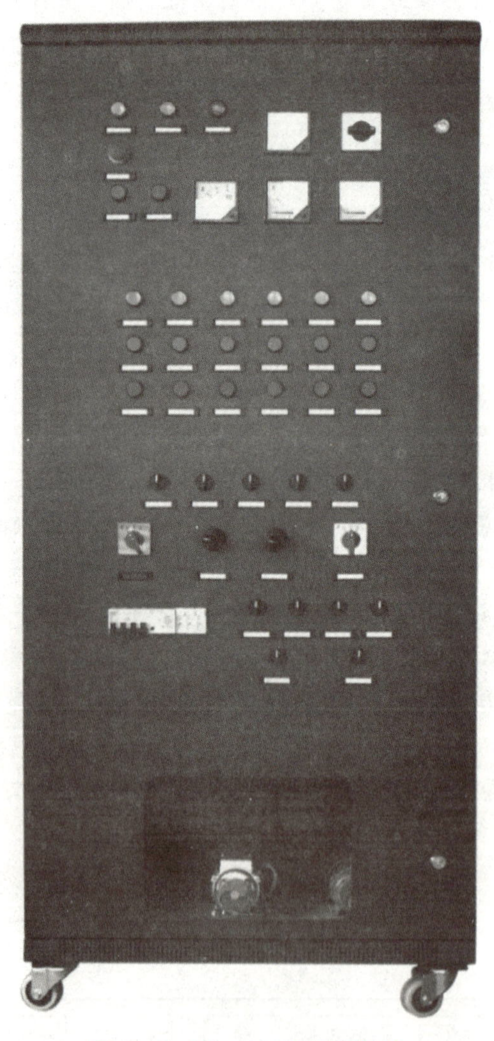

图 6－2　YL－158G 正面外观

（1）电源进线开关、指示灯、主令开关等柜门元器件布置如图 6－3 所示。

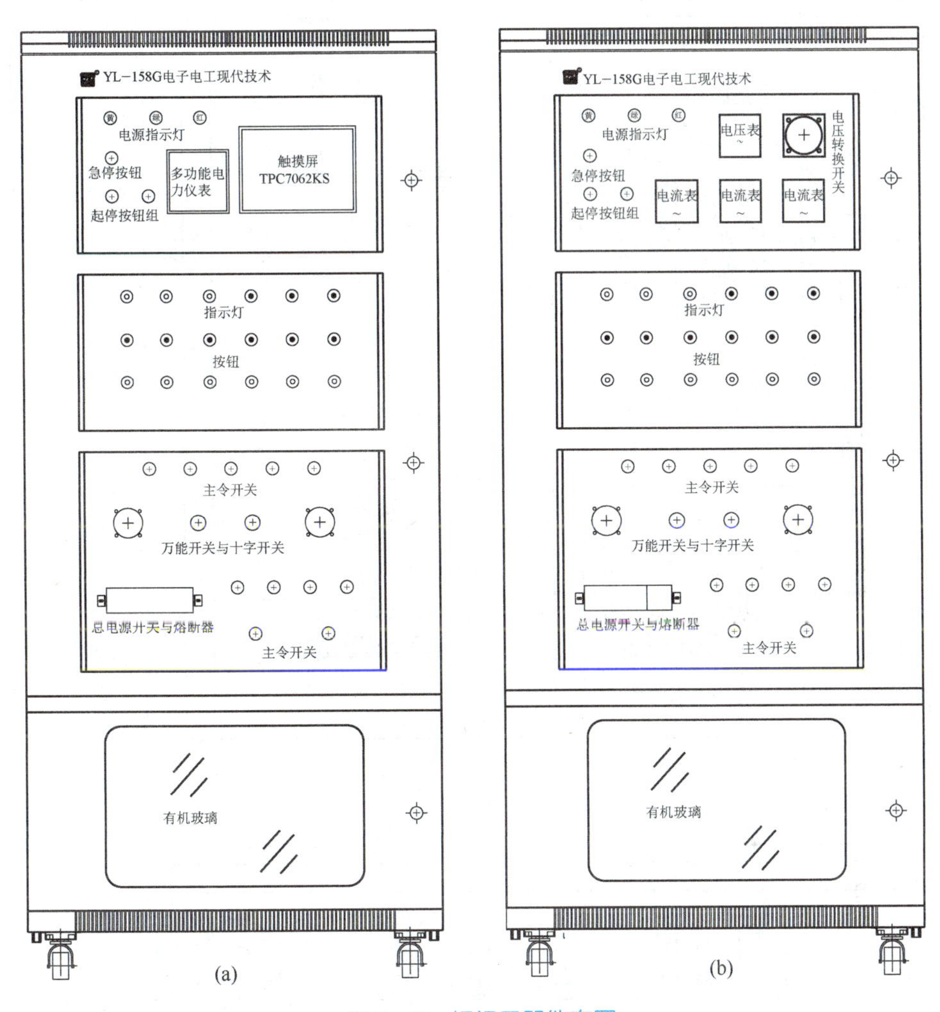

图6-3　柜门元器件布置

（a）柜门正面；（b）柜门背面

（2）变频器、PLC、直流调速器、步进电动机、伺服系统、交流接触器、热继电器、时间继电器等柜内元器件布置如图6-4所示，交流接触器、热继电器、时间继电器等按任务书的需要布置安装。

（3）按钮、转换开关、指示灯等的接线端子被排在门板上的保护箱内部。接通设备电源后，设备三相进线电源指示灯黄、绿、红亮。首先初步检查各个元器件有无明显损坏，然后按任务书要求完成任务。

（4）系统暂停与急停。加工过程中，可按暂停按钮，按下暂停按钮后，所有动作立刻停止，再次按下暂停按钮后，工作过程重新开始。遇到突发情况时，按急停开关，此时急停报警灯闪烁，所有动作立刻停止，工件报废；急停恢复后，设备手动进行恢复初始位置操作，等待下一次加工。

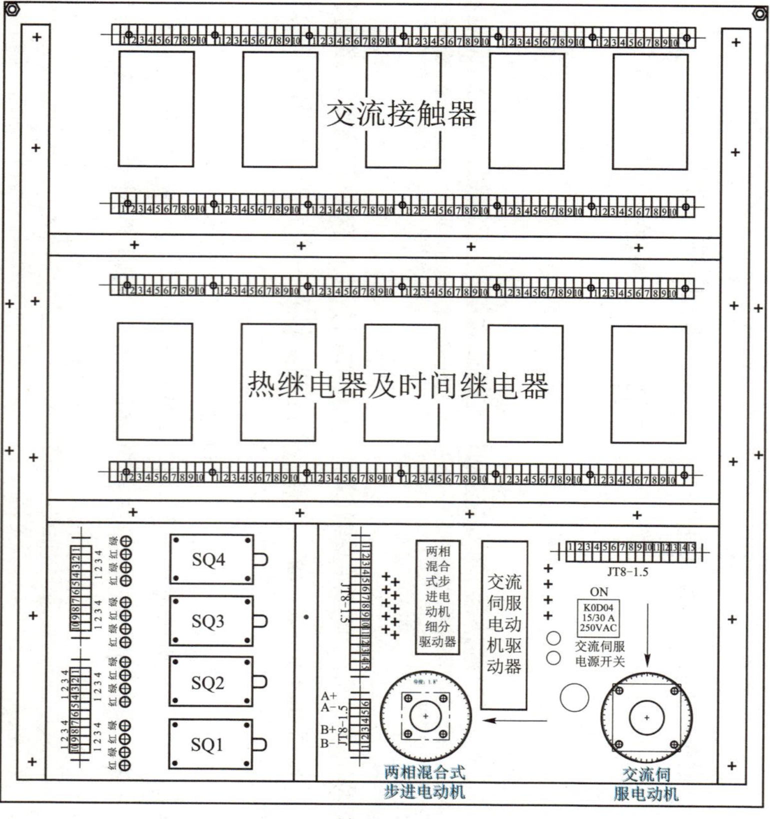

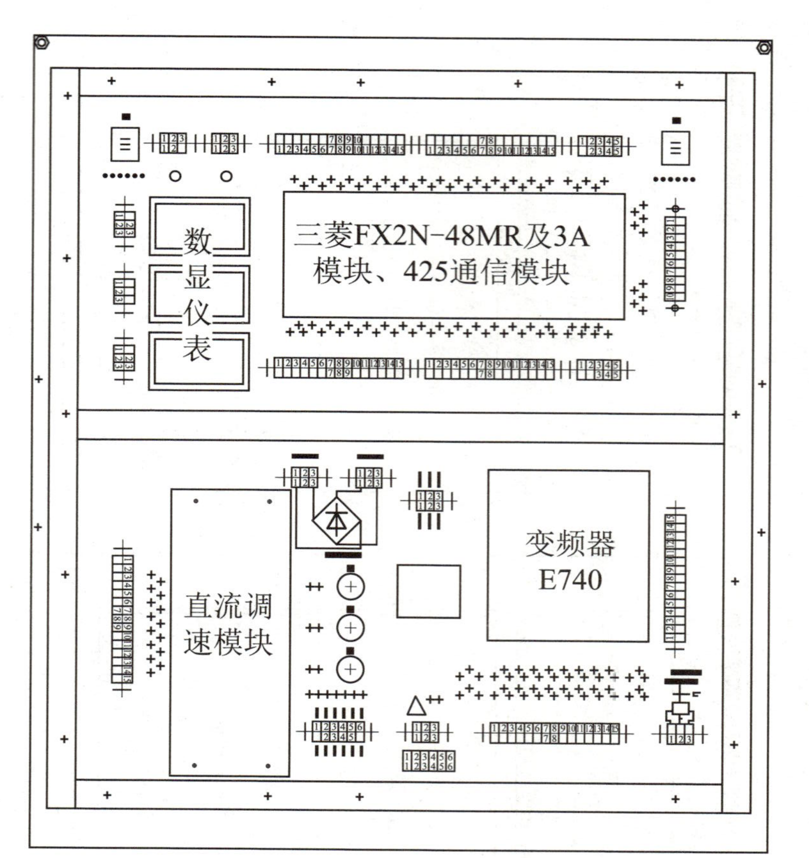

图 6-4　柜内元器件布置

(a)柜内正面元件布局;(b)柜内背面元件布局

任务　综合编程和调试

【任务目标】

（1）能够根据工作任务书要求或图纸标示正确地进行元器件的选择，并正确安装。

（2）熟悉三相异步电动机的多种控制方式，能够按图纸要求完成线路连接，并按控制要求调试设备各功能。

（3）熟悉步进电动机的控制过程，能够按图纸要求完成线路连接，并按控制要求完成功能调试。

（4）熟悉伺服电动机的控制过程，能够根据任务书要求，进行伺服驱动器参数的设置；能根据图纸要求完成线路连接，并按控制要求完成功能调试。

【任务分析】

（1）变频器控制的电动机设置参数：变频器设置第一速段为 25 Hz，第二速段为 35 Hz，第三速段为 50 Hz，加速时间为 2 s。

（2）步进电动机设置参数：正向脉冲频率为 400 Hz，反向脉冲频率为 800 Hz，步进驱动器设置为 2 细分，电流设置为 1.5 A。

（3）伺服电动机每转 1 圈能带动丝杆移动 2 mm。伺服电动机用于定位控制，选用位置控制模式，所采用的是简化接线方式。电动机旋转以“顺时针旋转为正向，逆时针为反向”为准。

【知识准备】

一、FX 系列 PLC 的计数器 C

1. FX 系列 PLC 的计数器 C 的参数

功能：对内部元件 X，Y，M，S，T，C 的信号进行计数。

结构：线圈、触头、设定值寄存器、当前值寄存器。

地址编号：字母 C +（十进制）地址编号（C0 ~ C255）。

设定值：设定值等于计数脉冲的个数，用常数 K 设定。

2. 16 位低速计数器

通用加计数器：C0 ~ C99（100 点）；设定值区间为 K1 ~ K32767。

停电保持加计数器：C100 ~ C199（100 点）；设定区间为 K1 ~ K32767。

特点：停电保持加计数器在外界停电后能保持当前计数值不变，恢复来电时能累计计数。

原理：计数信号每接通一次（上升沿到来），加计数器的当前值加 1，当前值达到设定值时，计数器触头动作；复位信号接通时计数器复位。

计数器处于复位状态时，当前值清零，触头复位，且不计数。16 位加计数器计数过程如图 6－5 所示。

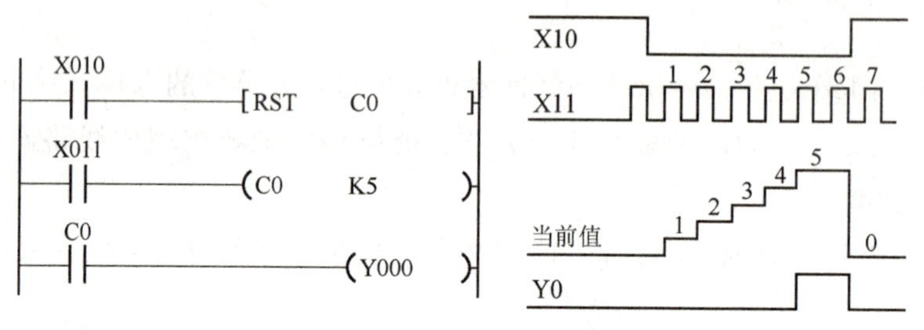

图 6－5　16 位加计数器计数过程

二、FX 系列 PLC 的内部编程元件——辅助继电器（M）

辅助继电器用于 PLC 内部编程，其线圈和触头只能在程序中使用，不能直接与外部进行输入或输出，经常用作状态暂存等。辅助继电器采用十进制地址编号，可分为以下几类：

（1）通用辅助继电器 M0 ~ M499（500 点）。

（2）断电保持辅助继电器 M500 ~ M1023（524 点），装有后备电池，用于保存停电前的状态，并在运行时再现该状态。

（3）特殊辅助继电器 M8000 ~ M8255（256 点），系统规定了专门用途，使用时查产品说明书即可。如：M8000（运行监控），M8002（初始脉冲），M8013（1 s 时钟脉冲），M8033 指 PLC 停止时输出保持，M8034 指 PLC 禁止全部输出，M8013 固定提供 1 s 时钟脉冲等。

三、步进顺控的状态转移图

（1）步进顺控概述：一个控制过程可以分为若干个阶段，这些阶段称为状态或者步。状态与状态之间由转换条件分隔。当相邻两个状态之间的转换条件得到满足时，就可以实现状态转换。只有一个流向的状态转换被称作单流程顺控结构。

（2）FX 系列 PLC 的状态元件。

每一个状态或者步用一个状态元件表示，S0 为初始步，也称为准备步，表示初始准备是否到位。其他状态或步为工作步。

状态元件是构成状态转移图的基本元素，是可编程控制器的软元件之一。FX2N 共有 1 000个状态元件，详细介绍如表 6－1 所示。

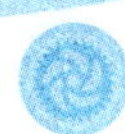

表 6－1　FX2N 的状态元件

类别	元件编号	个数	用途及特点
初始状态	S0～S9	10	用作状态转移图的初始状态
返回状态	S10～S19	10	在多运行模式控制当中，用作返回原点的状态
通用状态	S20～S499	480	用作状态转移图的中间状态，表示工作状态
掉电保持状态	S500～S899	400	具有停电保持功能，停电恢复后需继续执行的场合
信号报警状态	S900～S999	100	用作报警元件使用

注：（1）状态的编号必须在指定范围内选择。
（2）各状态元件的触头在 PLC 内部可自由使用，次数不限。
（3）在不用步进顺控指令时，状态元件可作为辅助继电器在程序中使用。
（4）通过参数设置，可改变一般状态元件和掉电保持状态元件的地址分配。

（3）状态转移图

状态转移图（Sequential Function Chart，SFC）也称功能表图，用于描述控制系统的控制过程。步进顺控的状态转移如图 6－6 所示。

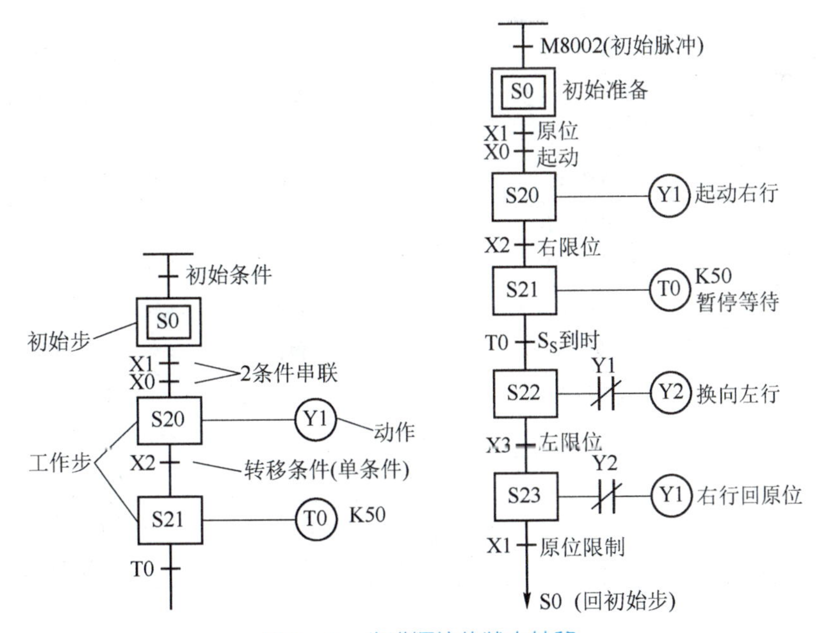

图 6－6　步进顺控的状态转移

状态转移图的三要素为驱动动作、转移目标和转移条件。其中转移目标和转移条件必不可少，而驱动动作则视具体情况而定，也可能没有实际的动作。状态与状态之间的有向连线表示流程的方向，其中向下和向右的箭头可以省略。

【任务实施】

一、I/O 地址分配表

（1）确定输入点数。

根据控制要求可知，共需要 4 个行程开关检测信号，还需要起动、停止和急停 3 个开关信号，以及 3 个热过载保护信号，所以一共有 10 个输入信号。

（2）确定输出点数。

根据控制要求可知，皮带输送机需要 3 段速正转运行，变频器（冷却电动机）需要 4 个控制信号，步进电动机需要 2 个信号，伺服电动机需要 2 个信号，砂轮电动机需要 3 个信号，工作台移动电动机需要 2 个信号，指示灯需要 HL1 个信号，一共需要 14 个输出信号。

二、列出 PLC 输入、输出地址分配表

根据输入、输出点数以及输出量的工作电压和工作电流要求分配输入、输出地址。PLC 输入、输出地址分配如表 6 – 2 所示。

表 6 –2　PLC 输入、输出地址分配

输入			输出		
序号	地址	说明	序号	地址	说明
1	X0	急停按钮	1	Y0	步进电动机信号
2	X1	启动按钮 SB_1	2	Y1	伺服电动机信号
3	X2	停止按钮 SB_2	3	Y2	步进电动机方向信号
4	X3	行程开关 SQ_1	4	Y3	伺服电动机方向信号
5	X4	行程开关 SQ_2	5	Y4	KM_1（砂轮电动机 M_1）信号
6	X5	行程开关 SQ_3	6	Y5	KM_2（砂轮电动机 M_1 信号）
7	X6	行程开关 SQ_4	7	Y6	KM_3（砂轮电动机 M_1）信号
8	X7	热过载 FR_1	8	Y10	KM_4（冷却电动机 M_3）信号
9	X10	热过载 FR_2	9	Y11	KM_5（冷却电动机 M_3）信号
10	X11	热过载 FR_3	10	Y12	工作指示灯信号
			11	Y20	冷却电动机 M_5 变频器高速信号
			12	Y21	冷却电动机 M_5 变频器低速信号
			13	Y22	变频器的方向信号 STF
			14	Y23	变频器中速

三、绘制系统接线图

图 6 –7 所示为系统接线图。

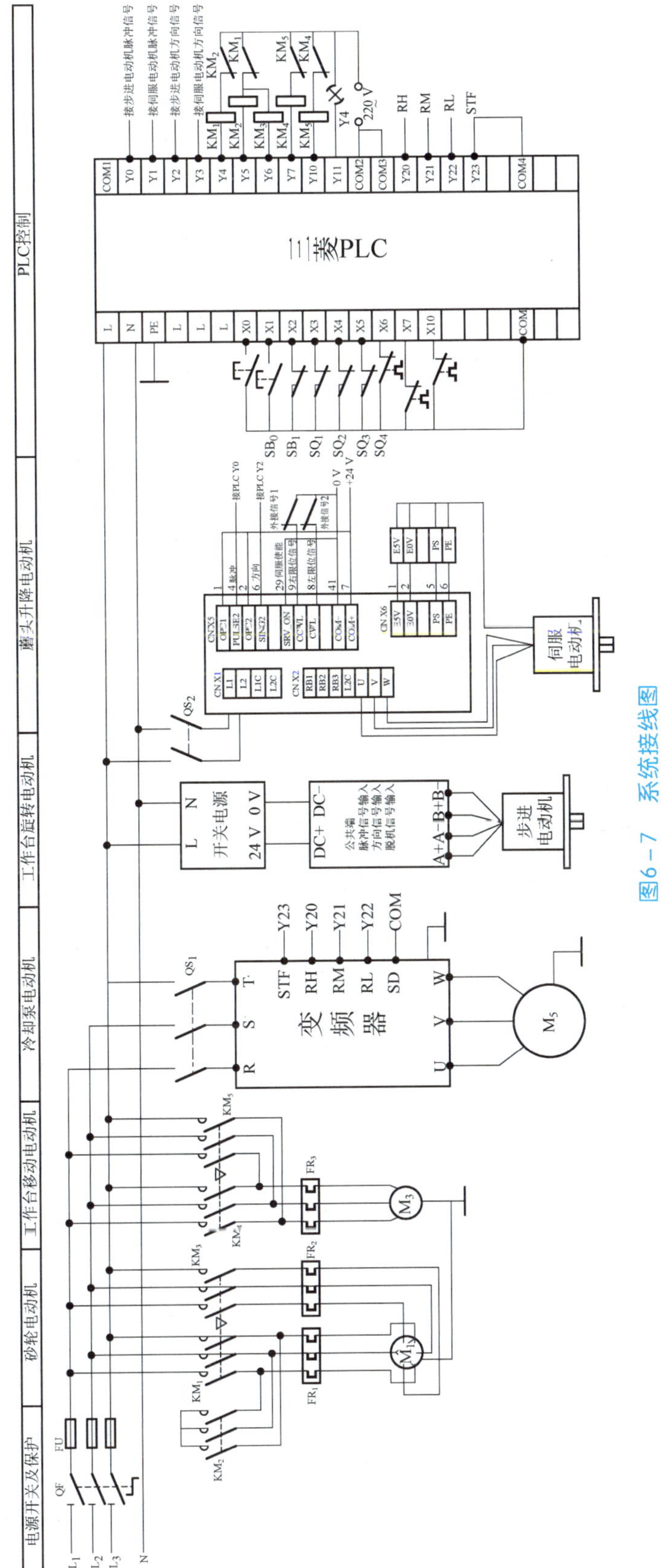
电源开关及保护
砂轮电动机
工作台移动电动机
冷却泵电动机
工作台旋转电动机
磨头升降电动机
PLC控制
三菱PLC
开关电源
24 V 0 V
变
频
器
STF
RH
RM
RL
SD
步进
电动机
伺服
电动机
SB0
SB1
SQ1
SQ2
SQ3
SQ4
接步进电动机脉冲信号
接伺服电动机脉冲信号
接步进电动机方向信号
接伺服电动机方向信号
220 V
0 V
+24 V
接PLC Y0
接PLC Y2
外接信号1
外接信号2
公共端
脉冲信号输入
方向信号输入
脱机信号输入

图6－7　系统接线图

四、编制 PLC 程序

PLC 程序如图 6－8 所示。

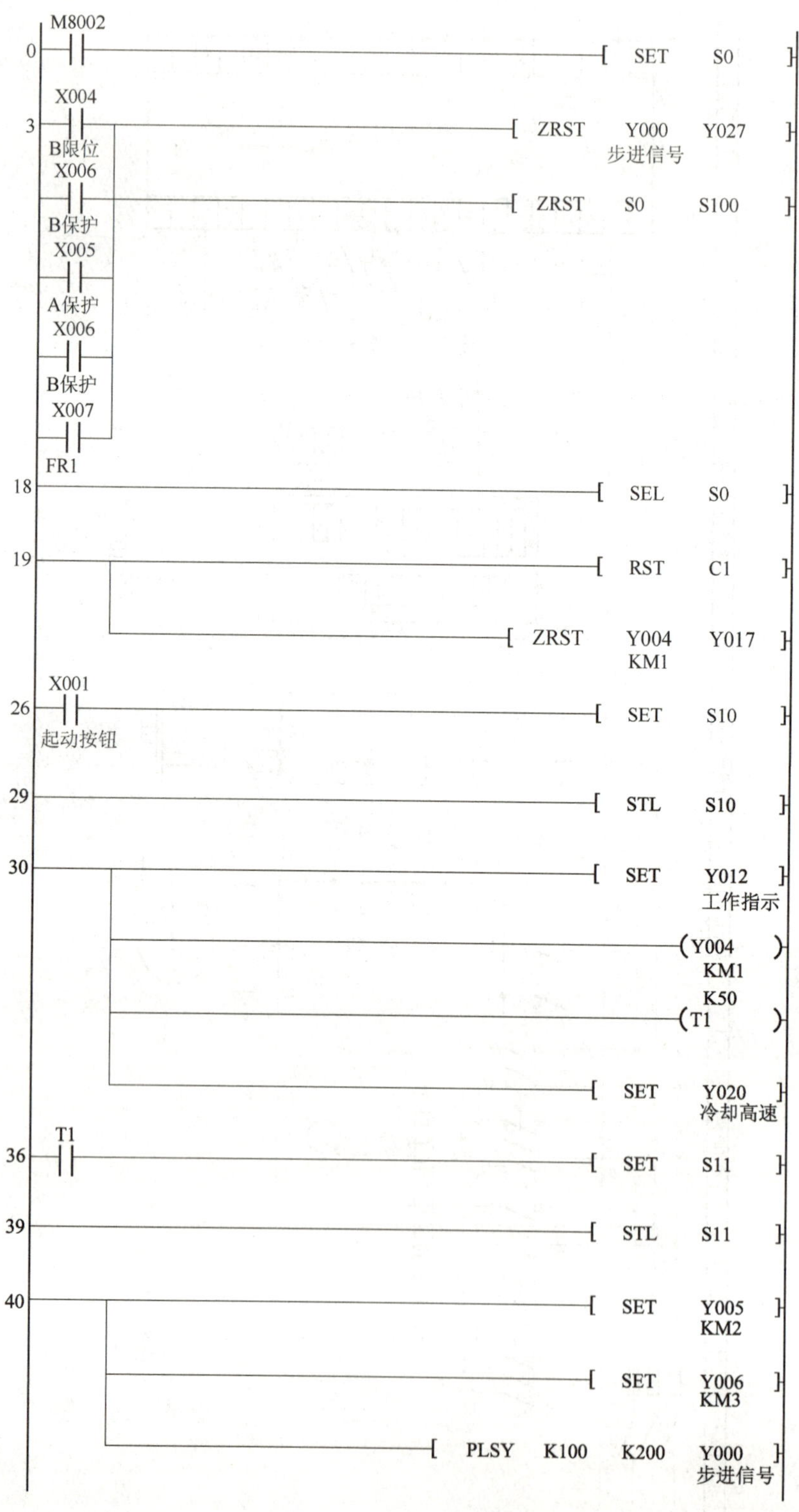

图 6－8　梯形图程序

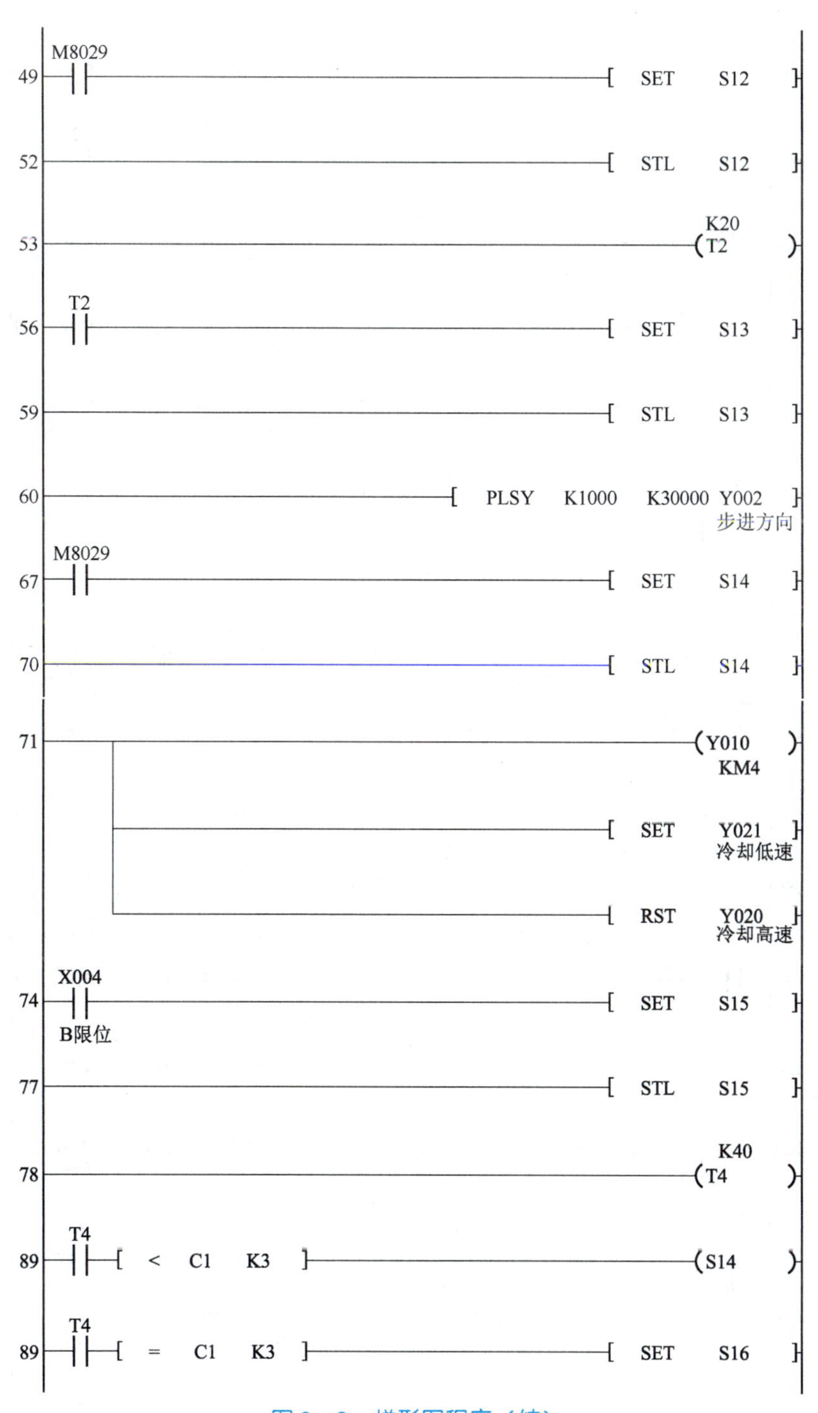

49
M8029
SET S12
52
STL S12
53
K20
T2
56
T2
SET S13
59
STL S13
60
PLSY K1000 K30000 Y002
步进方向
67
M8029
SET S14
70
STL S14
71
Y010
KM4
SET Y021
冷却低速
RST Y020
冷却高速
74
X004
B限位
SET S15
77
STL S15
78
K40
T4
89
T4
< C1 K3
S14
89
T4
= C1 K3
SET S16

图6-8 梯形图程序（续）

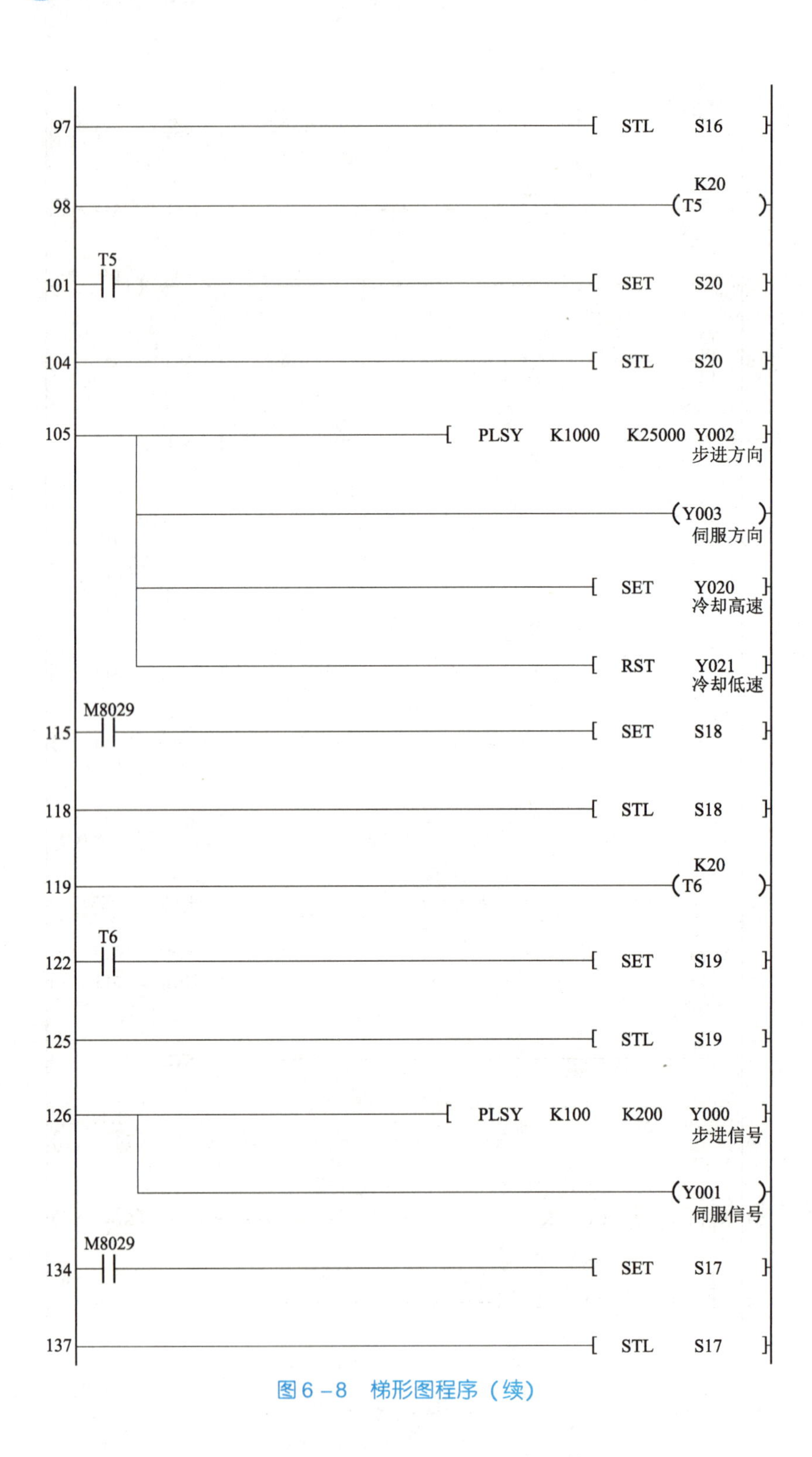
97
STL S16
98
K20
T5
101
T5
SET S20
104
STL S20
105
PLSY K1000 K25000 Y002
步进方向
Y003
伺服方向
SET Y020
冷却高速
RST Y021
冷却低速
115
M8029
SET S18
118
STL S18
119
K20
T6
122
T6
SET S19
125
STL S19
126
PLSY K100 K200 Y000
步进信号
Y001
伺服信号
134
M8029
SET S17
137
STL S17

图 6-8 梯形图程序（续）

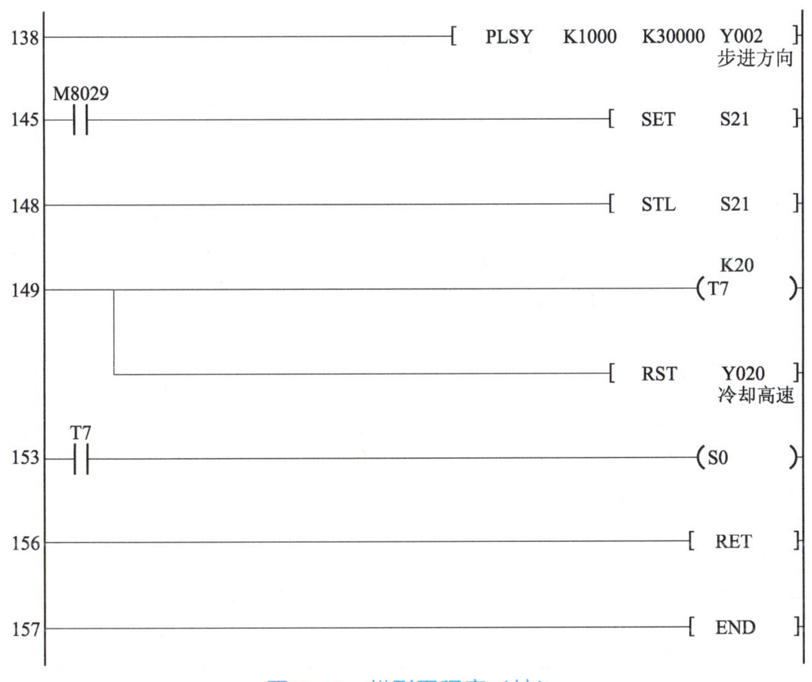

图6-8　梯形图程序（续）

五、参数设置、程序下载和调试

（1）变频器控制的电动机设置参数：变频器设置第一速段为25 Hz（赫兹），加速时间为2 s，第二速段为35 Hz，第三速段为50 Hz。

步进电动机设置参数：正向脉冲频率为400 Hz，反向脉冲频率为800 Hz，步进驱动器设置为2细分，电流设置为1.5 A。

伺服电动机每转1圈能带动丝杆移动2 mm。伺服电动机用于定位控制，选用位置控制模式，所采用的是简化接线方式。电动机旋转以“顺时针旋转为正向，逆时针为反向”为准。

根据系统控制要求将编制好的程序下载到PLC。

（2）断开电动机等负载，按下启动按钮，观察PLC输出端指示灯的变化是否符合系统控制要求。

（3）在模拟调试成功后将电动机等负载接入系统，按下启动按钮观察各个电动机的运行情况，如有异常，则立即按下急停按钮，必要时切断电源开关，检查系统故障，确认故障排除后方能继续通电调试。

（4）按下停止按钮，系统应在完成当前任务后回到等待状态。

六、任务内容和评分标准

任务内容和评分标准如表6-3所示。

表 6-3　任务内容和评分标准

序号	任务内容	评分标准	配分	扣分	得分
1	I/O 地址分配表的编制	地址遗漏和编制不正确，每处扣 5 分	10		
2	根据外围接线图接线	（1）操作不正确，每项扣 5 分 （2）遗漏接地线，每处扣 5 分	50		
3	PLC 程序编写和下载调试	（1）参数测量与整定错误，每处扣 5 分 （2）程序编写错误，每处扣 5 分 （3）程序调试步骤错误，每处扣 5 分	30		
4	安全、文明生产	每违反一项扣 5 分	10		
5	工时	4 h			
6	备注	合计			
		教师签字	年　月　日		

【任务总结】

随着新材料、机电一体化、电力电子、电子计算机、控制理论等各种相关新技术的快速发展，控制电机已经有很广泛的应用范围，能够实现高速、高精度、高稳定度、快速响应、高效节能的运动控制。

通过本项目的综合实训和学习，认识几种常用控制电机的工作原理，学会各类控制电机的选型，掌握常用控制电机的外围接线和参数设置，进一步熟悉 PLC 编程方法和技巧，学会综合性设计任务的调试技巧。

项目评价

项目六评价细则如表 6-4 所示。

表 6-4　项目六评价细则

班级			姓名		同组姓名		
开始时间			结束时间				
序号	考核项目	考核要求	分值	评分标准	自评	互评	师评
1	学习准备（15 分）	资料准备	5	参与资料收集、整理，自主学习			
		计划制订	5	能初步制订计划			
		小组分工	5	分工合理，协调有序			

续表

序号	考核项目	考核要求	分值	评分标准	自评	互评	师评
2	学习过程（50分）	检测元器件	5	正确得分，否则酌情扣分			
		安装元器件	5	正确得分，否则酌情扣分			
		布线工艺	10	正确得分，否则酌情扣分			
		自检过程	5	符合要求得分，否则扣分			
		调试过程	10	符合功能要求得分，否则扣分			
		排故过程	5	排除故障得分，否则扣分			
		操作熟练程度	10	操作熟练得分，否则酌情扣分			
3	学习拓展（15分）	知识迁移	5	能实现前后知识的迁移			
		应变能力	5	能举一反三，提出改进建议或方案			
		创新程度	5	有创新性建议提出			
4	学习态度（20分）	主动程度	5	自主学习，主动性强			
		合作意识	5	协作学习，能与同伴团结合作			
		严谨细致	5	认真仔细，不出差错			
		问题研究	5	能在实践中发现问题，并用理论知识解释实践中的问题			
教师签字				总分			

项目作业

一、简答题

1. FX 系列 PLC 计数器有哪几种？分别在什么场合下使用？
2. 状态转移图三要素是什么？
3. 常用辅助继电器 M 分为几种？请说出几个常用的特殊辅助继电器。

二、设计题

用 PLC 和变频器实现以下工作要求。

1. 小车往返的运行控制。设有启动（SB1）、停止（SB2）按钮且控制的小车运动。设小车在 *B* 点时被启动，小车正向向 *A* 点运动；到达 *A* 点后（通过 SQ1 模拟 *A* 点限位），延时 4 s，再让小车反向向后运动到 *B* 点（通过 SQ2 模拟 *B* 点限位）。到达 *B* 点时小车停止运动，延时 6 s 后自动反向，循环往复。按下停止按钮，小车完成当前循环后回到 *B* 点后停止。为避免小车往返超行程事故，电路设计时要带有限位保护（左极限限位 SQ4、右极限限位 SQ3）。操作左、右极限限位，均可以停车，并停 4 s 或 6 s 后向相反方向运动。小车带有热保护继电器保护，过载时小车停止运动，热保护继电器的整定电流为 0.35 ~ 0.4A。小车运动示意如图 6 -9 所示［控制对象为三相异步电动机（单速、带离心开关）］。

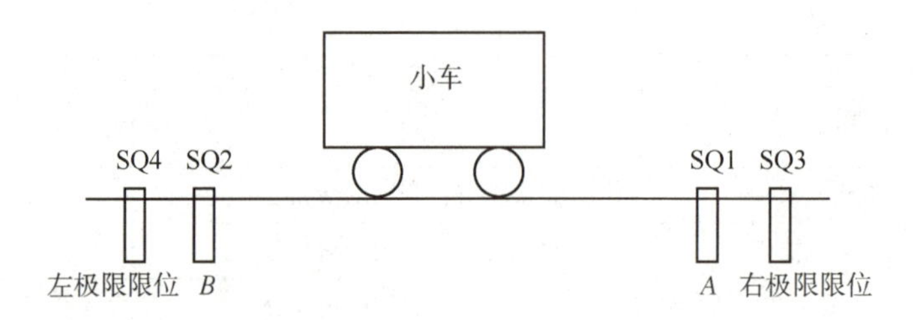

图 6-9 小车往返运动的示意

2. 多段速的运行控制。演示变频器控制电动机多段速的运动情况，通过触摸屏、PLC 控制变频器进行多段速控制，5 种速度自动切换（控制对象为三相异步电动机、单速）。变频器为外部运行模式，通过触摸屏启动、停止控制电动机多段速（也可以通过按钮实现启停控制，使用 SB5 为启动，SB6 为停止），自动切换速度。启动时，运行第一速段，频率为 20 Hz。运行 4 s 后自动切换为第二速段，第二速段频率为 30 Hz。运行 6 s 后自动切换为第三速段，第三速段频率为 40 Hz。运行 9 s 后自动切换为第四速段，第四速段频率为 35 Hz。运行 10 s 后自动切换为第五速段，第五速段频率为 50 Hz，并在第五速段保持运行。按下停止按钮后电动机停止运行。

要求：

(1) 画出 I/O 分配表。

(2) 画出接线图。

(3) 画出梯形图。

(4) 按照要求设置变频器参数。

(5) 安装调试并排除调试工程中的故障。

参考文献

[1] 赵承荻. 电机与电气控制技术（第2版）[M]. 北京：高等教育出版社，2007.
[2] 吴程. 常用电机控制与调速技术 [M]. 北京：高等教育出版社，2008.
[3] 强高培. 电机与电气控制技术 [M]. 北京：机械工业出版社，2008.
[4] 闫志. 电机学基础实践（第2版）[M]. 北京：科学出版社，2009.
[5] 周建清. 机床电气控制 [M]. 北京：机械工业出版社，2008.
[6] 程周. 电机与电气控制 [M]. 北京：中国轻工业出版社，1997.
[7] 李开慧. 电力拖动与控制技能训练 [M]. 北京：人民邮电出版社，2009.
[8] 陆运华，胡翠华. 电动机控制电路图解 [M]. 北京：中国电力出版社，2008.
[9] 郑立东. 电机与变压器 [M]. 北京：人民邮电出版社，2008.
[10] 许晓峰. 电机及拖动 [M]. 北京：高等教育出版社，2004.
[11] 姜玉柱. 电机与电力拖动（第2版）[M]. 北京：北京理工大学出版社，2006.
[12] [日] 坂本正文. 步进电机应用技术 [M]. 北京：科学出版社，2010.